河北邯郸
古树名木

HEBEI HANDAN
GUSHU MINGMU

邯郸市绿化委员会　编

中国林业出版社

图书在版编目（CIP）数据

河北邯郸古树名木 / 邯郸市绿化委员会编. -- 北京：中国林业出版社，2019.5

ISBN 978-7-5038-9986-7

Ⅰ.①河… Ⅱ.①邯… Ⅲ.①树木—介绍—邯郸
Ⅳ.①S717.222.3

中国版本图书馆CIP数据核字(2019)第052093号

责任编辑：贾麦娥
出版发行：中国林业出版社
（100009 北京西城区刘海胡同7号）
http://www.forestry.gov.cn/lycb.html
电　　话：010-83143562
装帧设计：张　丽
印　　刷：固安县京平诚乾印刷有限公司
版　　次：2019年5月第1版
印　　次：2019年5月第1次
开　　本：889mm×1194mm 1/16
印　　张：25.5
字　　数：405千字
定　　价：260.00元

《河北邯郸古树名木》编辑委员会

主　任：徐付军　杜树杰

副主任：孟祥生　张成文　张顺桥

成　员：（按姓氏笔画排序）

　　　　马　强　王　曼　王军琦　王志强　刘卫国　李义民　杨国振

　　　　张书清　张献明　陈清泽　尚爱民　殷卫兵　郭　洋　唐伟强

　　　　梁书河　程春海　路风杰

主　编：张顺桥

副主编：吴金茹　尹振海

编　辑：石利平　张健强　张艳玲

摄　影：王运良　尹振海　周龙海

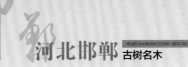

前　言

　　邯郸市位于河北省南部，西依巍巍太行山，东接华北平原，晋冀鲁豫四省交界处，是国家历史文化名城、中国优秀旅游城市、国家园林城市、全国文明城市、全国双拥模范城市、全国绿化模范城市和中国成语典故之都。独特的自然条件和浓厚的历史文化，孕育了邯郸市丰富的古树名木资源。

　　古树名木是悠久历史的见证，它见证着环境与历史的变迁，承载着历史、人文与环境的信息，是不可再生、不可替代的活文物，具有很高的生态价值、科研价值、文化价值、景观价值等。古树名木包括两个方面的内容：一是古树，指树龄在100年以上的树木；二是名木，指珍贵稀有或者具有重要历史、文化、科学研究价值和纪念意义的树木。古树的分级在不同时期、不同部门并不完全一致，按照2014年颁布实施的《河北省古树名木保护办法》，树龄500年以上的古树实行一级保护，树龄300年以上不满500年的古树实行二级保护，树龄100年以上不满300年的古树实行三级保护。名木不受树龄限制，全部实行一级保护。

　　市委、市政府高度重视森林资源和古树名木保护工作，制定了《邯郸市古树名木保护管理办法》，开展了古树名木资源普查，共调查古树名木12715株，其中一级古树和名木482株，二级古树314株，三级古树11919株。建立了古树名木电子档案，利用全国古树名木信息管理系统，把市域范围内所有古树名木的位置、树种、树龄、树高、冠幅、生长情况、立地条件、责任单位等信息全部录入系统，随时随地可以登录系统查询每棵树的数据信息和照片。2018年，涉县固新老槐树、磁县炉峰山大果榉、临漳靳彭城圆柏成功入选"全国最美古树"。

　　《河北邯郸古树名木》由市绿化委员会办公室组织编撰，各县（市、区）林业部门提供了大量翔实的资料和照片，图书以县（市、区）为单位，每县（市、区）独立成篇，共分17篇。《河北邯郸古树名木》的出版对于保存历史资料，增强人们对古树名木的了解和认识，增进全社会对古树名木保护的责任感，展示古都风貌具有重大意义。

目 录

前言

邯山区

小堤枣树群……2	西上宋前村槐树（一）……10
小堤杜梨……4	西上宋前村槐树（二）……11
大隐豹槐树（一）……5	陈上宋槐树……12
大隐豹槐树（二）……6	西孙庄槐树……13
刘王庄枣树……7	西街槐树……13
三堤槐树（一）……8	北街槐树……14
三堤槐树（二）……9	北羊井槐树……14

丛台区

丛台公园槐树……16	姜窑槐树……22
丛台古槐……17	北高峒槐树……23
后郭庄槐树……18	吕仙祠侧柏……24
前郭庄槐树……19	袁庄槐树……25
西陶庄槐树……20	苏里槐树……26
郭窑槐树……21	

复兴区

后百家槐树……28	霍北槐树（八）……39
康河鸳鸯槐……29	酒务楼槐树（一）……40
户村侧柏……30	酒务楼槐树（二）……41
霍北皂荚……31	酒务楼槐树（三）……42
霍北槐树（一）……32	酒务楼槐树（四）……43
霍北槐树（二）……33	林村槐树……44
霍北槐树（三）……34	姬庄槐树……45
霍北槐树（四）……35	中庄槐树……46
霍北槐树（五）……36	西邢台槐树……47
霍北槐树（六）……37	前郝村槐树……48
霍北槐树（七）……38	张岩嵛槐树……49

石坡槐树	50	西望庄槐树	52
西望庄皂荚	51		

峰峰矿区

石桥槐树	54	义西槐树（二）	67
黑龙洞槐树	55	上拔剑槐树	68
联东社区槐树	56	东王看侧柏（一）	69
南响堂寺槐抱柏	57	东王看侧柏（二）	70
南响堂寺丝绵木	58	王一槐树	71
峰峰槐树	59	王二槐树	72
峰峰"将军槐"	60	南侯槐树	73
后西佐槐树	61	下脑槐树	74
上官庄一村槐树	62	北胡皂荚	75
前西佐槐树	63	南八特槐树	76
中西佐槐树	64	东老鸦峪槐树（一）	77
香山槐树	65	东老鸦峪槐树（二）	78
义西槐树（一）	66		

临漳县

靳彭城圆柏	80	三皇庙皂荚	84
北孔皂荚	82	北东坊槐树	85
安庄槐树	83	东屯皂荚	86
三台槐树	84		

成安县

封边董皂荚	88	西马堤杜梨	92
封边董杜梨	88	北漳南槐树	93
南台合欢	89	北郎堡皂荚	94
南台侧柏	90	长巷营杜梨	95
牛乡义杜梨	90	高母营槐树	96
曲村侧柏	91		

大名县

金北槐树	98	柴家槐树	101
司家庄合欢	99	东赵庄侧柏	102
后北峰柿树	99	西赵庄白梨（一）	103
孙甘店槐树	100	西赵庄白梨（二）	104

涉县

赤岸丁香 …… 106	雪寺榔榆 …… 140
赤岸紫荆 …… 107	杨家庄槐树 …… 141
赤岸槐树 …… 108	峪里皂荚 …… 142
北郭口槐树 …… 108	原曲黄栌 …… 143
东安居侧柏 …… 109	张头侧柏 …… 144
东峧槐树 …… 110	杨家寨白榆 …… 145
曹家榔榆 …… 111	大矿槐树 …… 146
大港侧柏 …… 111	丁岩黄连木 …… 147
大港黄连木 …… 112	高家庄槐树 …… 148
东泉侧柏 …… 113	又上槐树 …… 148
固新槐树（一） …… 114	韩家窑榔榆 …… 149
固新槐树（二） …… 116	后峧黄栌 …… 150
东宇庄槐树 …… 117	后寨核桃群 …… 151
固新黄连木（一） …… 118	孔家槐树 …… 152
固新黄连木（二） …… 119	江家庄臭椿 …… 153
关防槐树 …… 119	刘家庄黄连木 …… 154
郝家侧柏 …… 120	黑龙洞槲栎（一） …… 155
郝家槐树（一） …… 121	黑龙洞槲栎（二） …… 156
郝家槐树（二） …… 122	黑龙洞黄栌 …… 157
流四河侧柏 …… 123	马布侧柏 …… 158
后峧黄栌 …… 124	马布槐树 …… 159
后峧青檀 …… 124	南郭口槐树 …… 160
后寨槐树 …… 125	牛家白皮松 …… 161
黄栌脑黄栌（一） …… 126	坪上白皮松 …… 162
黄栌脑黄栌（二） …… 127	前坪核桃 …… 162
黄栌脑五角枫 …… 128	石峰槐树 …… 163
南岗槐树 …… 129	石窑槐树 …… 164
南郭口槐树 …… 129	史邰侧柏 …… 165
偏城侧柏群 …… 130	田家嘴黄连木 …… 165
前宽嶂槐树 …… 131	宋家槐树（一） …… 166
上温槐树 …… 132	宋家槐树（二） …… 167
石泊侧柏 …… 132	曲峧槐树 …… 168
圣寺驼槲栎 …… 133	上温槐树 …… 168
台华槐树 …… 134	苏家黄连木（一） …… 169
石峰榔榆 …… 135	苏家黄连木（二） …… 170
温庄侧柏 …… 136	苏家槐树 …… 172
西达槐树 …… 137	苏刘槐树 …… 173
西辽城毛白杨 …… 138	西庄槐树 …… 173
卸甲侧柏 …… 139	西涧槲栎 …… 174

小峧侧柏（一）	175	小矿槐树	179
小峧侧柏（二）	176	杨家寨核桃	180
小峧核桃（一）	176	原曲侧柏群	181
小峧核桃（二）	177	中原槐树	182
小峧流苏	178		

磁县

槐树屯槐树（一）	184	北王庄黄连木	188
槐树屯槐树（二）	185	北王庄槐树	189
槐树屯槐树（三）	186	炉峰山大果榉	190
槐树屯槐树（四）	186	南王庄槐树	192
西韩沟臭椿	187		

肥乡区

崔庄皂荚	194	南谢堡槐树	198
邓庄槐树	195	南营槐树	199
东杜堡槐树	195	天台山皂荚	200
东辛店皂荚	196	田寨槐树	201
刘寨营槐树	197	西关杜梨	201
毛演堡皂荚	198	辛安镇槐树	202

永年区

三分槐树	204	焦窑桑树	211
北卷东皂荚	204	南街皂荚	212
王边侧柏	205	西街槐树（一）	212
王边夫妻槐	206	西街槐树（二）	213
王边槐树	208	南街槐树	214
焦窑侧柏（一）	209	西杨庄皂荚	215
焦窑侧柏（二）	209	借马庄槐树	215
焦窑侧柏（三）	210		

邱县

刘云固槐树	217	新鲜庄槐树	220
东关槐树	217	鲍庄槐树	220
郭村槐树	218	南寨柘树	221
东关枣树	219	恒庄杜梨	222
韩庄槐树	219		

鸡泽县

尹曹庄槐树 …… 225
浮东二村槐树 …… 226

魏县

东南温梨树群 …… 228
西南温梨树群 …… 233
和顺会槐树 …… 234
胡庄杜梨 …… 235
西关槐树 …… 236

曲周县

东街槐树 …… 238
西流上寨皂荚 …… 239
高庄槐树 …… 240
前衙槐树 …… 241
马兰侧柏 …… 242
庞寨槐树 …… 243
宋庄柘树 …… 244

武安市

荒庄栓皮栎 …… 246
梁沟漆树 …… 247
梁沟油松 …… 248
马店头侧柏 …… 248
水磨头槐树 …… 249
马店头槐树 …… 250
台上槐树 …… 252
大屯槐树 …… 253
常王庄槐树 …… 254
口上槐树 …… 255
口上黄连木 …… 256
石河湾侧柏 …… 258
陈家坪侧柏 …… 259
井峪大果榆（一） …… 260
井峪大果榆（二） …… 261
井峪黄连木 …… 262
牛心山油松 …… 263
牛心山栓皮栎 …… 264
长寿栓皮栎 …… 265
上店槐树 …… 266
杨屯槐树 …… 267
东阳苑槐树 …… 268
赵店槐树 …… 270
紫罗侧柏 …… 271
野河槐树 …… 272
北大社槐树 …… 273
西淑槐树 …… 274
下流泉槐树 …… 275
北丛井槐树 …… 276
柳河槐树 …… 277
史二庄榅桲 …… 278
泽布峧槐树 …… 279
念头槐树 …… 280
下洛阳皂荚 …… 281
磁山二街槐树 …… 282
花富槐树（一） …… 284
花富槐树（二） …… 285
西孔壁槐树 …… 285
下洛阳槐树 …… 286
大水酸枣 …… 287
大汶岭大果榆 …… 288
胜利街槐树 …… 289

玉泉岭槐树	290	西寺庄槐树（二）	306
西张璨槐树	291	西寺庄毛白杨	307
午汲槐树（一）	292	东高壁槐树	308
午汲槐树（二）	293	南新庄槐树	309
行考槐树	294	后临河槲栎	310
行考桑树	295	苏庄槐树	312
均河槐树	296	西洼槐树	313
下泉槐树	297	贺进南街槐树	314
贾庄槐树	298	贺进东街槐树	315
下白石槐树	299	贺进西街槐树	316
南白石槐树	300	李石门侧柏	317
南文章槐树	301	五湖圆柏	318
杨二庄侧柏	302	曹公泉槐树	319
下团城槐树	303	总工会侧柏群	320
贾家庄槐树	304	前仙灵栗树群	322
西寺庄槐树（一）	305	上站侧柏群	324

冀南新区

王庄槐树	326	刘庄皂荚	344
杜村槐树	327	前羌槐树	345
李家岗槐树	328	东陆开槐树	346
曲沟槐树	329	孟洼槐树	347
尧丰皂荚	330	白村槐树（一）	348
溢泉皂荚	332	白村槐树（二）	349
北左良槐树	333	赵拔庄槐树（一）	350
屯庄杜梨	334	赵拔庄槐树（二）	351
桑庄侧柏	336	赵拔庄皂荚	352
东野狸岗槐树	337	西郝村槐树	353
林坛槐树	338	河北槐树	354
刘庄皂荚	339	林峰槐树（一）	355
桥东街槐树	340	林峰槐树（二）	356
上西街槐树	341	东郝村槐树	357
武氏祠堂古槐	342	白村槐树	358
李西街槐树	343		

邯郸市古树名木名录

邯山区

HANSHANQU

统　稿　曹志勇
摄　影　李金丽　唐英莉　刘　涛
文　字　李金丽　李振华

邯山区位于邯郸市主城区南部，除被托管乡镇外，现辖5个乡镇、12个街道办事处，76个社区、118个行政村，土地总面积209平方千米，总人口51.2万。邯山区文化底蕴深厚，拥有赵王城遗址、廉颇墓、乐毅墓等历史文化古迹，晋冀鲁豫边区政府、晋冀鲁豫烈士陵园为全国重点革命历史文物保护单位。近几年，邯山区打造了小堤村（全国十大美丽乡村之一）、刘村、北羊井等一批特色美丽乡村，建成了香草湖、赵王欢乐谷、绿源生态园等一批生态文化观光园。境内林果资源丰富，其中『赵王仙桃』享有盛名。

全区共登记古树314株（含一个古树群），分为5个科6个属6个树种，分别是枣树、国槐、杜梨、皂荚、杨树、榆树。其中一级古树5株，二级古树10株，三级古树20株，古树群一个279株，主要分布在5个乡镇28个村，以小堤枣树群最别具特色。

小堤枣树群

位于河沙镇小堤村村北、村南和农户庭院内，区域范围东经114.567175°~114.572347°，北纬36.502871°~36.507063°，占地约10.5亩，共有279株，树龄约600年，保护等级一级，平均树高约11米，平均胸围147厘米，长势良好，开花结实正常。相传该村先人是从山西洪洞县大槐树下迁至此地，因当时此地为一段堤岸，便取名小堤村。先人迁来时，将带来的一些耐干旱、不知名的枣树苗栽在地势较高的堤岸上，面积达几百亩。数百年来，这些枣树是历经战争劫难、洪水侵袭等天灾人祸后仅存下来的。

小堤杜梨

　　位于河沙镇小堤村村东部坑塘旁戏台子附近，树龄约600年，保护等级一级，树高约11.6米，胸围750厘米，冠幅17米×13米，主干低，长势正常。相传1945年邯郸战役中，杨得志将军一纵所部与国民党马法五、高树勋军在小堤村一带激战。我军与国民党军第二次正面交锋，由于敌众我寡，我军战略撤退小堤村杜梨树一带。敌军以为有埋伏，仓皇退逃，我军趁势反攻，击溃敌军，逆转为胜。事后人们都说是"白花仙"（杜梨）降兵助阵的结果，于是把杜梨树当做"神树"来崇拜。

大隐豹槐树（一）

位于北张庄镇大隐豹村，树龄约300年，保护等级二级，树高约7.6米，胸围180厘米，冠幅11米×8米，生长正常，有个别枯死枝，树干向东倾斜。每年4、5月份，满枝头的槐花随风摆动，姿态好似迎客的白发仙人。

大隐豹槐树（二）

位于北张庄镇大隐豹村村外，树龄约700年，保护等级一级，树高约12.1米，胸围405厘米，冠幅17米×21米，主干较低，长势良好，枝繁叶茂，开花结实正常，庞大的身躯生机勃勃，让人心生敬畏，有些树枝下垂像孩子的手轻轻地抚摸着大地。该村古时植被丰富，树木茂盛，野草丛生，常有豹子隐居出没，村名由此得来。据说此树就是当时遗留下来的。

刘王庄枣树

位于南堡乡刘王庄村村东头庙内，树龄约300年，保护等级二级，树高约6.6米，胸围135厘米，冠幅6米×4米，长势良好，开花结实正常。枣树旁边有口古井，井水甘甜可口，相传古井与圣井岗村的"圣井"属于同一时期，由于年代久远，井慢慢干涸后被填埋。后人以枣树为标志，这口井才被重新发现。

三堤槐树（一）

位于马庄乡三堤村，树龄约600年，保护等级一级，树高约13.6米，胸围365厘米，冠幅18米×19米，主干较低，长势正常。

三堤槐树（二）

位于马庄乡三堤村一农户院内，树龄600年，保护等级一级，树高13.6米，胸围210厘米，冠幅11米×7米。

西上宋前村槐树（一）

位于南堡乡西上宋前村，树龄约300年，保护等级二级，树高约6.6米，胸围220厘米，冠幅6米×4米，树干中空，呈"C"型，中空的根部旁边有一棵50年生椿树，俗称"槐抱椿"。由于椿树生长旺盛，槐树已被椿树树冠覆盖，长势濒危。相传几百年前，该村位置是一条河，槐树常被用来拴船，且树干基部有一个老圆形洞眼，村民称其为"拴船桩"。

西上宋前村槐树（二）

位于南堡乡西上宋前村，树龄约300年，保护等级二级，树高约8.6米，胸围170厘米，冠幅8米×5米，树干中空，开花结实正常，长势衰弱，但生命力顽强。

陈上宋槐树

位于南堡乡陈上宋村，树龄约300年，保护等级二级，树高约9.6米，胸围190厘米，冠幅11米×9米，长势正常，主干被水泥填充，铁丝缠绕，有个别枯死枝，叶片颜色较浅。

西孙庄槐树

位于北张庄镇西孙庄村，树龄约300年，保护等级二级，树高约9.6米，胸围190厘米，冠幅9米×10米，长势衰弱，树干中空，枝干虬曲苍劲，布满了岁月的皱纹，紧邻围墙生长，生存环境恶劣。

西街槐树

位于马庄乡西街村，树龄约500年，保护等级一级，树高约11.6米，胸围200厘米，冠幅16米×16米，长势良好。

北街槐树

　　位于马庄乡北街村，树龄约300年，保护等级二级，树高约10.6米，胸围130厘米，冠幅12米×14米，偏冠，树干中空，枝繁叶茂，生命力顽强。

北羊井槐树

　　位于北张庄镇北羊井古槐街路北，树龄约350年，保护等级二级，树高约10.6米，胸围190厘米，冠幅12米×12米，长势正常，有个别枯死枝。

丛台区
CONGTAIQU

统　稿　贾国磊
摄　影　曹　琳　冯美芹
文　字　曹　琳　冯美芹

丛台区位于邯郸市城市北部偏东处,因辖区内有古迹武灵丛台而得名,总面积205平方千米,辖5个乡镇、11个街道办事处,73个行政村,常住人口44.57万。辖区内有梦文化、赵文化、成语典故文化、民俗文化等,黄粱美梦、邯郸学步、胡服骑射、武灵丛台等历史典故广为传颂。丛台区旅游资源丰富,有丛台公园、战国赵王陵、黄粱梦吕仙祠、紫山风景区等多个景区。

丛台区植物资源丰富,有国槐、榆树、柳树、松树、柏树等,百年以上古树共有40株,其中一级古树7株,二级古树15株,三级古树18株。

丛台公园槐树

位于邯郸市丛台公园动物园内,树龄313年,胸围282厘米,树高11.4米,平均冠幅20.15米。

据调查,古槐原在居民院内,1957年公园征地时,圈入园内。1968—1970年,因在食草动物围栏内,一度长势衰弱,重建食草动物围栏时,退出圈外,树木长势得以恢复。

2012年被命名为"河北省城镇古树名木"。2018年4月对该树进行了古树复壮保护措施,古树保护工程的实施,使古树焕发了新生命,生机勃勃。

丛台古槐

　　丛台是古城邯郸的象征，位于邯郸市中心丛台公园内，始建于战国赵武灵王时期（公元前325—前299），是赵王检阅军队与观赏歌舞之地，而在这"台上弦歌醉美人，台下扬鞭耀武士"的丛台之上，有一棵将近500年的槐树，同样吸引着众多游客。

　　相传，此槐为明代嘉靖年间（1522—1566）修丛台时所栽，它的神奇之处在于不是生长在大地上，而是生长在丛台顶上。丛台平台约28米高，一层平台约15米，此树长在丛台一层平台的中部，高台之上这棵参天大树，为武灵丛台增添了名气。远看威严凌厉，像在佑护着城墙之下的树木花草，这棵古槐至今枝繁叶茂，苗壮挺拔，琼林玉树之中尤显傲气。古槐树干部分为空洞，沧桑尽显。因为年代久远，已被赋予了神化的色彩，被市民挂满了许愿红布条，祈求古槐树保佑平安。丛台古槐饱经几百年的风风雨雨，见证了时代的变迁，已成为丛台公园的景中之景。

　　2012年，经有关部门核定古槐为国家二级古树，树龄473年，胸围325厘米，树高8.75米，平均冠幅11.5米。2012年被命名为"河北省城镇古树名木"。2016年10月对该树进行了古树复壮保护措施，复壮后的槐树焕发了新机，再现了邯郸武灵丛台园林文物景观。

后郭庄槐树

位于三陵乡后郭庄古村落，树龄500年，树高10米，胸围252厘米，冠幅20米×25米。此树树干通达，树枝虬曲，富有生机。据说树的旁边曾是古时候通往山西的主要道路，几经风雨道路已经变得模糊，剩下一个拱门为界线。

前郭庄槐树

位于三陵乡前郭庄村,树龄300年,树高8.5米,胸围130厘米,冠幅10米×8米,生长位置在前郭庄,由村民委员会负责管护,长势较弱。据传说槐树在病人触碰它时能将人的病痛吸入树体内,带给人健康,人们称它为"药王槐"。当然,这只是人们的一种美好愿望。

西陶庄槐树

位于三陵乡西陶庄村东南,树龄300年,树高5米,胸围276厘米,冠幅7米×7米,由村民委员会负责管护,长势一般。据说很久以前,此树高15米以上,因遭过3~4次雷击,现在变得很矮。

郭窑槐树

位于三陵乡郭窑村中心的街道旁边。树龄500年，树高10米，胸围268厘米，冠幅10米×9米，村民委员会负责管护，长势良好。相传明朝正德年间（1506—1521），正德皇帝出宫南游经过此地，栽植此树。

姜窑槐树

位于三陵乡姜窑村村民委员会西南,树龄600年,树高8米,胸围247厘米,冠幅8米×9米,由村民委员会负责管护,长势一般。据说明朝永乐年间(1403—1424),山西姜氏兄弟从山西迁至此地时所栽,几经风雨,多次死去又复活,被村民称为"神树"。

北高峒槐树

位于三陵乡北高峒村村民委员会东,树龄450年,树高6米,胸围163厘米,冠幅7米×7米,几经风雨树干部分已经中空,进入缓慢生长阶段,干径增粗极其缓慢,树形给人以饱经风霜、苍劲古拙之感。

吕仙祠侧柏

位于黄粱梦镇吕仙祠内，树龄500年，共2棵，东边一棵树高8米，胸围170厘米，冠幅4米×8米，树头已经枯死，侧枝开花结实正常，抗逆性较强，适应性好。西边一棵树高9米，胸围140厘米，冠幅7米×8米，长势良好。相传，东边这棵古柏是吕洞宾的拴马柱，证据就是树下方有一条深陷痕迹，如果取一条麻绳蘸上水，绕树一周，留下水印则与凹痕完全相符，所以人们都称这棵古柏为"仙树"，古柏东侧为钟楼，西侧为鼓楼，取晨钟暮鼓之意，为道院早晚仪式之必备。道教认为以此可招纳百方灵所，壮道观威仪，洪山陵气象。因此，每日晨昏不可缺少。

CONGTAIQU 丛台区

袁庄槐树

位于黄粱梦镇袁庄村袁丛禄家院内，树龄550年，树高8米，胸围390厘米，冠幅8米×7米。此树主干已中空腐朽，20世纪60年代曾被砍掉了树头，但现在依然生机勃勃。

苏里槐树

　　位于黄粱梦镇苏里村张昌红家院内,树龄500年,树高7米,胸围335厘米,冠幅10米×8米。据说在20世纪60年代此树因干旱死去,但第二年又死而复生,抽发出新枝,村民敬为"槐仙"。

复兴区
FUXINGQU

统　稿　侯晓旭
摄　影　张玉琪
文　字　许艳华　王　萍　步波涛

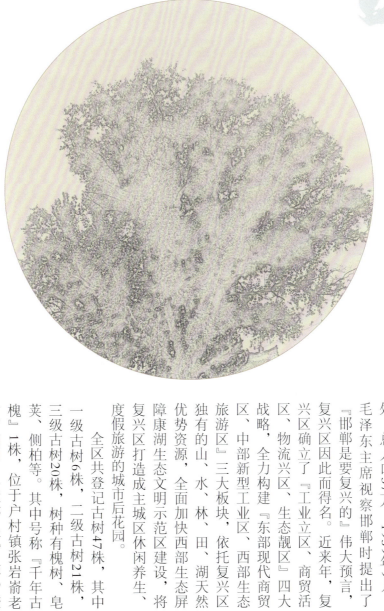

复兴区位于邯郸市区西部，总面积137平方千米，辖1个工业园区、3个乡镇、7个街道办事处，总人口37万。1959年9月，毛泽东主席视察邯郸时提出了"邯郸是要复兴的"伟大预言，复兴区因此而得名。近来年，复兴区确立了"工业立区、商贸活区、物流兴区、生态靓区"四大战略，全力构建"东部现代商贸区、中部新型工业区、西部生态旅游区"三大板块，依托复兴区独有的山、水、林、田、湖天然优势资源，全面加快西部生态屏障康湖生态文明示范区建设，将复兴区打造成主城区休闲养生、度假旅游的城市后花园。

全区共登记古树47株，其中一级古树6株，二级古树21株，三级古树20株，树种有槐树、皂荚、侧柏等。其中号称"千年古槐"1株，位于户村镇张岩嵛老村，胸围480厘米，长势良好。康河老村"鸳鸯槐"2株，传说已有800年历史，有着浪漫美好的爱情传说。

后百家槐树

　　位于彭家寨乡后百家社区，树龄450年，古树等级二级，树高8米，胸围320厘米，冠幅9米×11米，树干中空。保护现状：砌树池。

康河鸳鸯槐

　　树种为槐树，位于户村镇康河村，树龄800年，保护等级一级，树高15米，胸围300厘米，冠幅13米×13米。诗韵《鸳鸯槐》：天宫月老康河来，种下两棵鸳鸯槐；青年男女相缘好，请到树下拜一拜。传说在元朝泰定元年（1324）中秋的夜晚，从天空来了一个白胡子老人，并且还领着两只仙鹤到康河村南头落地。两只仙鹤一只在路东一只在路西，各自都用爪子挠了几下，和那个老人一同腾空而去了。到了第二年春天，两棵小槐树出芽了，人们见它们长得十分好看，就将它们留了下来。17年后至正元年辛巳年（1341）两棵槐树长大了，农历七月初七的夜间，那个从天而降的老人带着两只鸳鸯来了，那两只鸳鸯各自站在一棵树上，老人从两棵树中间用手一画，空中出现了一道彩虹，两只鸳鸯顺着彩虹走到一起向空中飞去了。从那年起村民便给槐树起名叫"鸳鸯槐"。

户村侧柏

位于户村镇户村龙王庙院内,树龄400年,古树等级二级,树高18米,胸围160厘米,冠幅14米×10米。

霍北皂荚

位于户村镇霍北村插瓶桥旁，树龄350年，古树等级二级，树高13米，胸围400厘米，冠幅14米×15米。生长势正常，生长环境良好，树干从底部到分枝处全部中空，但长势良好。相传清同治八年（1869），有本村张姓人家，家祖张晴川，自筹资金，聘用工匠，在村的西北沟河相阻碍处修建"耕便桥"时，桥东南角处这棵皂荚树就挂上了"红布"。1950年左右，皂荚树遭到雷击，树头被截了一半。后过节村民烧香焚纸，不慎又把树心朽木燃着，虽然被人们用水扑灭，但树势逐渐衰败。到1956年左右，靠剩余树干和外皮长出的枝干，又向四周伸展了约15米。目前，皂荚树枝叶茂盛，树冠好似一把大伞，紧紧覆盖着桥面，阴浓蔽日，异常凉爽，每逢炎热盛夏，在桥上乘凉的人们络绎不绝。

霍北槐树（一）

　　位于户村镇霍北村后店房西，树龄300年，古树等级二级，树高15米，胸围260厘米，冠幅10米×11米。

霍北槐树（二）

位于户村镇霍北村张古道北，树龄350年，古树等级二级，树高15米，胸围240厘米，冠幅16米×14米。

霍北槐树（三）

位于户村镇霍北村张德宽房后，树龄300年，古树等级二级，树高8米，胸围200厘米，冠幅8米×10米。

霍北槐树（四）

　　位于户村镇霍北村小阁里，树龄450年，古树等级二级，树高9米，胸围240厘米，冠幅10米×14米。生长势衰弱，生长环境中等。保护现状：支撑。

霍北槐树（五）

位于户村镇霍北村张有祥院内，树龄400年，古树等级二级，树高15米，胸围230厘米，冠幅17米×17米。

霍北槐树（六）

位于户村镇霍北村裴老年院内，树龄350年，古树等级二级，树高15米，胸围170厘米，冠幅10米×14米。

霍北槐树（七）

位于户村镇霍北村裴兆其门前，树龄350年，古树等级二级，树高12米，胸围200厘米，冠幅16米×16米。

霍北槐树（八）

位于户村镇霍北村太原庙，树龄400年，古树等级二级，树高10米，胸围210厘米，冠幅11米×9米。

酒务楼槐树（一）

位于户村镇酒务楼村戏台旁，树龄400年，古树等级二级，树高12米，胸围340厘米，冠幅12米×14米。

酒务楼槐树（二）

位于户村镇酒务楼村学校前，树龄300年，古树等级二级，树高10米，胸围320厘米，冠幅14米×11米。

酒务楼槐树（三）

位于户村镇酒务楼村原磨面处，树龄300年，古树等级二级，树高14米，胸围180厘米，冠幅13米×14米。

酒务楼槐树（四）

位于户村镇酒务楼村，树龄400年，古树等级二级，树高20米，胸围250厘米，冠幅18米×14米。

林村槐树

位于户村镇林村谢有良家房后,树龄300年,古树等级二级,树高10米,胸围240厘米,冠幅11米×16米。

姬庄槐树

位于康庄乡姬庄村和尚坡,树龄400年,古树等级二级,树高5米,胸围163厘米,冠幅6米×5米。生长势正常,生长环境良好。据传说,1943年大旱,没有粮食可食,各家各户每天早晨到树下捡拾槐连豆,拿回家中煮食,保全了全村300余人的性命。

中庄槐树

位于康庄乡中庄村胡家门前,树龄300年,古树等级二级,树高10米,胸围183厘米,冠幅11米×13米。

FUXINGQU 复兴区

西邢台槐树

位于西苑街道西邢台社区，树龄500年，古树等级一级，树高10米，胸围160厘米，冠幅7米×9米。

前郝村槐树

位于西苑街道前郝村社区,树龄500年,古树等级一级,树高6米,胸围260厘米,冠幅5米×5米。树干空,生长势衰弱,生长环境中等。

张岩嵛槐树

位于户村镇张岩嵛村，树龄700年，古树等级一级，树高8米，胸围480厘米，冠幅9米×10米，树干中空。据传说，明朝永乐年间，张氏先祖从山西洪洞县老槐树下迁居到此，在沁河东岸拾乱石盖房，开荒种地，安度春秋。

石坡槐树

位于康庄乡石坡村，树龄600年，古树等级一级，树高13米，胸围295厘米，冠幅14米×14米。树干中空，生长势衰弱，生长环境良好。

西望庄皂荚

位于康庄乡西望庄村十字格西,树龄600年,古树等级一级,树高14米,胸围375厘米,冠幅15米×15米。生长势正常,生长环境良好。

西望庄槐树

位于康庄乡西望庄村,树龄300年,古树等级二级,树高15米,胸围195厘米,冠幅12米×15米。

峰峰矿区

FENGFENGKUANGQU

统　稿　张海兵
摄　影　檀朝国　杜军海　焦文艳　张清花
　　　　王　刚
文　字　苑春华　苗文韬　吴春涛　程学花

峰峰矿区位于邯郸市西南部，地处冀、豫、晋三省交界地带，面积353平方千米，人口53万，是我国北方重要的煤炭、陶瓷、建材、电力生产基地。峰峰矿区历史悠久，文化深厚，民风淳朴，山水秀丽。早在新石器时代的磁山文化时期，就有先民从事农耕、渔猎和制陶；商朝后期，建有颇具规模的『九侯城』。北齐时期，已是太原至邺城两个政治中心的交通要塞。在多年的生产生活中，峰峰人民早已把爱树、植树、护树作为自己的习俗和传承，很多古树名木也因此得以保存完好。

据统计，峰峰矿区现有登记在册的古树名木55株，其中一级古树8株，二级古树14株，三级古树31株，名木2株，树种主要有槐树、皂荚、侧柏等。南响堂寺内的周公树、槐抱柏最为有名。

石桥槐树

位于滏阳东路街道办事处石桥村南,树龄450年,树高12米,胸围300厘米,平均冠幅19米,正常株,二级古树。

黑龙洞槐树

位于滏阳东路街道办事处黑龙洞村西,树龄500年,树高9米,胸围280厘米,平均冠幅17米,濒危株,主干有树洞,一级古树。

联东社区槐树

位于彭城镇联东社区国庆机械厂院内,树龄450年,树高7.5米,胸围320厘米,平均冠幅17米,衰弱株,主干分枝处有树洞,二级古树。

南响堂寺槐抱柏

　　位于滏阳东路街道办事处南响堂寺院内，为镇寺之宝。树龄210年，树高7.5米，胸围150厘米，平均冠幅11米，正常株，三级古树。槐树根部缠抱一株柏树，柏树已枯死，槐抱柏也因此得名。

　　相传很久以前，上天的金龙仙子因触犯天规被罚人间，玉凤仙女爱慕金龙，也私自下凡。二仙看到滏口险径，两岸绿柳成阴，满山杜鹃盛开，滏水滔滔东流，行船逆水而上，更有古塔寺院，靠山楼阁，环境幽静，景色迷人。于是二人降下云头，在此作为夫妻，过起了人间生活。一日金龙和玉凤来到响堂寺进香拜佛，走到院中，突然狂风四起，电闪雷鸣，团团云雾压顶而来，二人站立不住，便紧紧拥抱在一起，随着一声巨雷迎头炸响，一股白雾腾空而起，便不见二人踪迹，地上只留下一片鲜血。说也奇怪，来年春天在院里长出两棵小树，一棵是槐树，一棵是柏树，树根相连，树身相缠，天长日久，越缠越紧，越长越大，成为闻名于世的响堂奇树"槐抱柏"。据说，这槐树是金龙的化身，柏树是玉凤的化身，由此更印证了二仙那生死相依的美好恋情，也有人称响堂奇树为"连理树""爱情树"，真可谓：金龙玉凤下凡来，踏青探幽喜开怀，鲜血浇灌爱情树，千古美谈槐抱柏。

南响堂寺丝绵木

位于滏阳东路街道办事处南响堂寺院内,树龄150年,树高9.8米,胸围135厘米,平均冠幅10米,正常株,三级古树,名木。

此树生来奇特,长相似榆非榆,似柳非柳,特点是发芽早,落叶迟,春天开花,秋天结果。1959年6月,敬爱的周恩来总理来南响堂视察。他在浏览过艺术精美的石窟群之后,走到大雄宝殿前的庭院里小憩,忽然发现大殿西侧长着一株姿态别致、亭亭玉立的小树,他便询问寺里的工作人员这是棵什么树。原来这棵小树不是人工栽种,当初是自己长出来的,平时也不被看护寺院的工作人员重视,总理一问,工作人员和随行人员面面相觑,谁也答不上来。总理慈祥地一笑说:"一株不知名的小树倒也默默无闻地给这块圣地增辉添彩,不失为一名无名英雄,就叫它无名树吧。"总理的话如炎夏里拂过的一阵清风,在场的人都为"无名树"有了名字拍手叫好。岁月悠悠,几十年过去了,"无名树"以其旺盛的生命力,茁壮生长,枝繁叶茂。今天已成为粗有合抱的大树,它撑着一片片碧绿的叶子,迎风送雨,向人们诉说着周总理的抚爱,它挺着一躯壮实的腰身,经冬历夏,向世人显示着曾经有过的荣耀与沧桑。

经专家鉴定,这棵"无名树"其实是一棵丝绵木(卫矛科卫矛属),但是峰峰人仍以"周公树"称它,以此表示对伟人周恩来的思念。

峰峰槐树

位于峰峰镇峰峰村前街西头，树龄410年，树高9米，胸围230厘米，平均冠幅13米，衰弱株，二级古树。

峰峰"将军槐"

位于峰峰集团后勤实业分公司院内，树龄360年，树高14米，胸围260厘米，平均冠幅20米，正常株，二级古树，名木。

1945年10月，开国元勋刘伯承、邓小平曾在此树下指挥过邯郸（亦称平汉）战役。此次战役中，除高树勋率新编第八军等约1万人在战场起义外，共毙伤国民党军3000余人，俘虏副司令长官马法五部1.7万余人，对打败国民党军的进攻、掩护其他解放军部队向东北进军做出了重要贡献。睹树思人，感慨万千。仰慕先贤，思绪滔滔。为缅怀刘邓丰功伟绩，后人命名此树为"将军槐"。

后西佐槐树

位于峰峰镇后西佐村,树龄310年,树高10米,胸围200厘米,平均冠幅16米,正常株,二级古树。

上官庄一村槐树

位于峰峰镇上官庄一村老村，树龄600年，树高7.5米，胸围270厘米，平均冠幅14米，衰弱株，有树洞，一级古树。

据传说，古槐树栽于明朝初期，距今已有600多年历史，它象征着我们祖先勤劳、善良、勇敢、坚强的品格。此树原生长于山西洪洞县，当时山西地处黄土高原，土地肥沃，百姓安居乐业，人口密集，而河北、河南等地连年战乱，土地荒芜，人口稀少，因此政府颁布法令移民河北、河南等地，开荒种田，繁衍生息，先民为缅怀故土栽下此树。

前西佐槐树

位于峰峰镇前西佐村，树龄500年，树高8米，胸围280厘米，平均冠幅12米，衰弱株，有树洞，一级古树。

中西佐槐树

位于峰峰镇中西佐村煤厂院内,树龄360年,树高11米,胸围220厘米,平均冠幅14米,正常株,二级古树。

香山槐树

位于大社镇香山村后街，树龄410年，树高9.5米，胸围215厘米，平均冠幅14米，衰弱株，有树洞，二级古树。

义西槐树（一）

位于义井镇义西村义和街，树龄600年，树高10.5米，胸围320厘米，平均冠幅19米，正常株，一级古树。

义西槐树（二）

位于义井镇义西村东头十字街南头，树龄500年，树高10.5米，胸围280厘米，平均冠幅14米，衰弱株，主干有树洞，一级古树。

上拔剑槐树

位于义井镇上拔剑村村中，树龄410年，树高9米，胸围250厘米，平均冠幅14米，衰弱株，有树洞，二级古树。

东王看侧柏（一）

位于义井镇东王看村村民委员会院内，树龄300年，树高9米，胸围110厘米，平均冠幅8米，衰弱株，二级古树。

东王看侧柏（二）

　　位于义井镇东王看村村民委员会院内，树龄300年，树高8.8米，胸围94厘米，平均冠幅6米，衰弱株，二级古树。

王一槐树

位于义井镇王一村，树龄500年，树高9.5米，胸围270厘米，平均冠幅15米，衰弱株，主干有树洞，一级古树。

据传说，1943年秋，一位八路军排长在王看村老百姓家养伤，因叛徒告密，日本兵在某夜包围了王看村，排长为了不连累房东，便故意吸引敌人追击。排长顺着一条胡同跑到大街，见街两端已有敌人把守，情急之下，便隐藏到老槐树南面，意外发现树干有一枯洞，就钻进去藏身。胡同里追来的敌人，边跑边打枪。古槐是对着胡同的，有一粒子弹打在树干上。古槐粗大，躯干厚实，子弹未伤及排长。日本兵没想到树有枯洞，更没想到排长就藏在树洞里，他们以为排长向村外跑了，就一起向村外追去。古槐以其苍老的身躯掩护了一位八路军排长。70余年过去，那块弹痕成了一枚光辉的军功章。

王二槐树

位于义井镇王二村武校院内,古树龄300年,树高12米,胸围200厘米,平均冠幅16米,正常株,二级古树。

南侯槐树

位于义井镇南侯村,树龄310年,树高9米,胸围250厘米,平均冠幅12米,正常株,二级古树。

下脑槐树

位于义井镇下脑村村西,树龄310年,树高6.5米,胸围245厘米,平均冠幅14米,濒危株,树干中空,二级古树。

北胡皂荚

位于和村镇北胡村西北角，树龄800年，树高9.5米，胸围380厘米，平均冠幅15米，衰弱株，有树洞，一级古树。此树是峰峰矿区境内树龄最大古树。

南八特槐树

位于和村镇南八特村原大庙处，树龄550年，树高6.5米，胸围190厘米，平均冠幅11米，衰弱株，一级古树。相传为戚继光征南所栽，为目前少有的疙瘩槐树树种。

东老鸦峪槐树（一）

位于界城镇东老鸦峪村口，树龄400年，树高9米，胸围250厘米，平均冠幅14米，正常株，二级古树。

东老鸦峪槐树（二）

位于界城镇东老鸦峪村南，树龄400年，树高4.5米，胸围230厘米，平均冠幅12米，衰弱株，倾斜严重，二级古树。

临漳县

LINZHANGXIAN

统　稿　刘　华
摄　影　冯　林
文　字　魏红彦　冯　林　张　伟　刘志芳

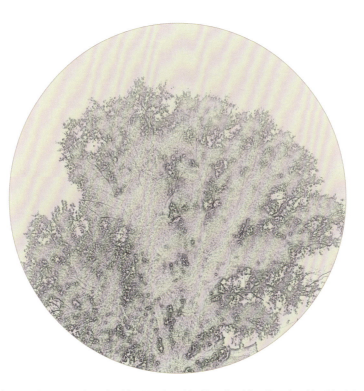

临漳县位于河北省最南端，地处晋、冀、鲁、豫四省要冲，因临漳河而得名，土地总面积751平方千米，总人口77万。临漳古时称『邺』，历史悠久，文化灿烂，是建安文学发祥地，佛教文化繁荣地，都城建设肇始地，享有『三国故地、六朝古都』之美誉。魏晋南北朝时期，邺城先后成为曹魏、后赵、冉魏、前燕、东魏、北齐六朝都城，居黄河流域政治、经济、军事、文化中心长达4个世纪。临漳人杰地灵，人才辈出，春秋时期，齐桓公始筑邺城。战国时，西门豹为邺令，投巫凿渠，破除迷信。曹操虎视中原，战败袁绍，据邺而统一北方。临漳也是纵横家鼻祖鬼谷子的故里，文姬归汉等成语典故均出自临漳。『东风不与周郎便，铜雀春深锁二乔』『生前一笑轻九鼎，魏武何悲铜雀台』等名诗佳句至今传诵。

全县共登记古树名木45株，其中一级古树（名木）1株，二级古树6株，三级古树38株，树种主要有槐树、皂荚、刺槐、圆柏等。其中号称『天下第一柏』、被评为『中国最美圆柏』、树龄达1800年的『曹操拴马桩』最为有名。

靳彭城圆柏

位于习文乡靳彭城村，距铜雀三台遗址公园仅7千米，相传已有1800多年历史，历经千年，这棵大柏树依然枝叶繁茂，要4个成人才能合抱得来。树高约21米，冠幅达16米，胸围达550厘米。2018年被评为"中国最美圆柏"。

树身伟岸，长势独特，虬瘤突兀，枝叶茂盛。任凭千年风雨，饱经沧桑，巍然屹立，见证了时代的兴衰和变迁。世代繁衍，根深叶茂，枝叶已将院子覆盖了近1/3，若是三伏天，进入院内，一股凉气袭来，沁人心脾。

从不同方向看那枝杈，会呈现出许多神奇的形态。曾有一首诗这样描写道："东有男女情悠悠，西有蜗牛树上走。南有喜鹊枝头笑，北有观音双合手。上有双龙绕树飞，下有凸拳暴如雷。曹操古邺南校场，玄武池畔拴马桩。"

这棵大柏树就是传说中的"曹操拴马桩"。相传三国时期，曹操为了打过长江一统天下，在铜雀台南面开挖了一个占地数百亩的玄武池，设置南校场操练水军，水面可陈列数百只战船。至今，这一带的百姓仍不断地从地下挖出箭镞、刀戈等古代兵器。这一事实在《三国志·魏书》中曾有记载："十三年春正月，公还邺，作玄武池，以肄舟师。"可当时这里是光秃秃的一片，曹操阅兵时竟无处拴马。儿子曹植见状，特意从太行山移来一棵碗口粗细的柏树，种在玄武池南。柏树汲取漳南大地之灵气，越发长得挺拔茂盛，曹操见状非常高兴，每当骑马到此，总把马拴在这棵树上。因此，这棵柏树也就有了"曹操拴马桩"的美称。

大柏树除有"曹操拴马桩"的雅号外，还有"血柏树、保佑柏、柏老阁"等说法。相传清朝咸丰年间（1851—1861），县里有位贪官见此树长得粗壮，是造船、建楼的好材料，决定卖给一个大户财主，能得一个好价钱。此举遭到百姓的极力阻拦。但财主执意要锯，谁知刚一搭锯，褐红色的液体便向外涌流，锯条也被卡住，褐红色的液体沾了锯树人满身，吓得扔下锯便跑，不久得病身亡。从此，再无人敢打大柏

树的主意了。因此，这棵树被传为"血柏树"。千百年来，这棵大柏树护佑着一方百姓的平安。

1945年平汉战役爆发。当时临漳是主战场，我军一小股部队被敌军追赶，三个战士急中生智爬上树冠，在浓密的树荫里躲避了一天两夜，在古柏的保护下幸免于难。多少年来，附近村的群众凡是外出经商的、打工的，都能平安地回到家乡，老百姓都说这是得了大柏树的保佑，所以当地群众又称此树为"保佑柏"。每年正月初七，这里都会举办庙会，方圆几十里的人们都来此拜祭大柏树，并尊称之为"柏老阁"或"柏老爷"。

1999年3月18日，美中友好协会纽约分会会长、美籍华人许昌东先生来临漳观赏此树，连连称赞："这真是一棵神奇的树，关于它的故事令人称奇！"许先生当即捐赠1万元，立下了"天下第一柏"石碑。

北孔皂荚

位于狄邱乡北孔村,树龄350年左右,树高13米,胸围266厘米,冠幅14米×15米。树干中间有一个空洞。据乡人介绍,此空洞以前可容孩子们爬进爬出,现由于生长旺盛,树干逐渐加粗,空洞越来越小。此树长势良好,果实累累。

安庄槐树

位于杜村乡安庄村,树龄约300年,树高12米,胸围204厘米,冠幅12米×14米。此树为安姓祖上所栽,西南侧树皮已老朽,东北侧仍旺盛生长,开花时节,幽香飘散,沁人心脾。

三台槐树

位于邺城镇三台村三台遗址，树龄360年左右，树高15米，胸围260厘米，冠幅17米×19米。据传，明代韩姓人家从山西洪洞县移民到台底村，也就是三台村的前称，因思念故乡，特栽植了一棵槐树。后来这棵槐树自然死亡，又在原来的位置重新栽植了一棵，即此树。故此树又被称为"二代大古槐"。

三皇庙皂荚

位于张村乡三皇庙村，树龄120年左右，树高27米，胸围323厘米，冠幅20米×19米。此树生长旺盛，枝繁叶茂，树干通直饱满，树冠庞大，犹如一把擎天巨伞。

北东坊槐树

位于章里集镇北东坊村,树龄约300年,树高10米,胸围260厘米,冠幅11米×11米。树干中空,阴面树皮已干朽,但其上仍不断萌生小枝,似乎在向人们展示着顽强不屈的生命力。

东屯皂荚

位于章里集镇东屯村,树龄400年左右,树高10米,冠幅15米×12米。此树原主干已自然枯死,现3株树干实为后来同根相继萌生,可谓独树成林。

成安县

CHENGANXIAN

统　稿　张书申
摄　影　常虎涛　何　超
文　字　王关林

成安县位于河北省南部，境域481平方千米，辖5镇4乡，总人口46万。成安县历史悠久，人文荟萃。早在春秋战国时期，这里就建立了乾侯政权，『乾侯邑』成为中国古代最早发达的城镇之一。西汉至南北朝时期建置斥丘县，北齐始置成安县。悠悠文明史，绵延数千载，文道武功，代有传人，先贤在这片土地上曾写下不少华彩篇章。汉代大儒戴德、戴圣整理、注释《礼记》，述圣言，世代传颂；佛教禅宗第二代祖师慧可通悟禅理，讲经说法，献身事业；宋代名相寇准早年任职成安，察民情，平匪寇，减赋税，理积案，政清官廉。县域内的元符寺、凤凰台、说法台、匡教寺等大批名胜古迹、人文景观都闪耀着中华文明的灿烂辉煌。

目前，全县共登记古树12株，其中一级古树2株，二级古树1株，三级古树9株，树种主要有国槐、侧柏、皂荚、杜梨等。其中最为有名的是位于曲村凤凰台的侧柏，距今约为1000年。

封边董皂荚

　　单株，位于长巷乡封边董村，树龄1500年，古树等级一级，树高7米，胸围220厘米，冠幅6米×6米，生长势正常，生长环境良好。该树位于个人家中，种植时间较长，长相奇特。保护现状：支撑，砌树池。

封边董杜梨

　　单株，位于长巷乡封边董村，树龄100年，古树等级三级，树高10米，胸围220厘米，冠幅10米×10米，生长势正常，生长环境良好。

南台合欢

单株，位于成安镇南街村南台匡教寺内，匡教寺始建于北齐天宝六年（555），佛教禅宗二祖慧可大师在此讲经说法长达三十四年。树龄360年，古树等级二级，树高6米，胸围190厘米，冠幅6米×6米，生长良好。当地称之为龙凤呈祥之绒花，有360多年的历史，树身凤形俨然众鸟来集，一枝向西龙势延伸，龙须龙角样翘然众鸟于树中，和鸣念佛为龙凤呈祥之绒花又增添几许优美、神秘的韵味。

南台侧柏

单株，位于成安镇南街村南台匡教寺内，树龄150年，古树等级三级，树高9米，胸围100厘米，冠幅3米×3米，生长势衰弱株，生长环境良好。

牛乡义杜梨

单株，位于北乡义镇牛乡义村村外，树龄100年，古树等级三级，树高12米，胸围190厘米，冠幅8米×8米，生长势正常，生长环境良好。

曲村侧柏

双株，位于道东堡乡曲村村民委员会凤凰台，树龄1000年，古树等级一级，树高10米，胸围200厘米，冠幅4米×4米，生长势衰弱，生长环境良好。凤凰台始建于唐代，据旧志记载，明万历三十二年（1604），知县刘永脉重筑此台，传说曾有凤凰集其上而得名。两株柏树东西对峙，人称"子母柏"。东边一株为"母柏"，树老中空，且被烧死；西边一株为"子柏"，至今枝叶葱茏。

西马堤杜梨

单株,位于道东堡乡西马堤村邯大路路边,树龄100年,古树等级三级,树高7米,胸围220厘米,冠幅6米×6米,生长势正常,生长环境良好。

北漳南槐树

单株，位于成安镇北漳南村村民家中，树龄120年，古树等级三级，树高6米，胸围190厘米，冠幅6米×6米，生长势正常，生长环境良好。

北郎堡皂荚

单株，位于商城镇北郎堡村村民家中，树龄150年，古树等级三级，树高8米，胸围220厘米，冠幅8米×8米，生长势正常，生长环境良好。

长巷营杜梨

单株,位于长巷乡长巷营村村北一小庙旁,树龄120年,古树等级三级,树高8米,胸围230厘米,冠幅8米×8米,生长势正常,生长环境良好。

高母营槐树

单株,位于商城镇高母营村村民家门口,树龄120年,古树等级三级,树高8米,胸围190厘米,冠幅8米×8米,生长势正常,生长环境良好。

大名县
DAMINGXIAN

统　稿　谷莉冰
摄　影　邵晓勇　曹　芳　魏延朝　鲍志刚
文　字　邵晓勇　曹　芳

大名县位于河北省东南端，冀、鲁、豫三省交界处，面积1053平方千米，辖20个乡镇、651个行政村。大名历史悠久，文化底蕴深厚。春秋时期，是历史上著名的『五鹿城』。唐德宗建中三年（782）魏博节度使田悦改魏州为大名府，这是『大名』称谓之始。大名历为郡、州、道、府、路，其中两为国都，七为陪都，史有『乱世雄藩，治世重镇』『北门锁钥』之称。县域内有国家级文物保护单位3处：大名府故城、五礼记碑、宠爱之母大教堂，省级文物保护单位9处，市县级文物保护单位50处。

全县共登记古树23株，其中一级古树2株，二级古树12株，三级古树9株，树种主要有槐树、柿树、皂荚、合欢等，其中西街老槐树、柴家古槐最为有名。

金北槐树

单株，位于金滩镇金北村清真寺院内。树龄450年，古树等级二级，树高8.5米，胸围270厘米，冠幅8米×8米，生长势衰弱，生长环境中等，由金北村村民委员会管护。该树旁立有石碑，石碑上有张惠民书写的诗词。

司家庄合欢

单株，位于张集乡司家庄村，树龄150年，古树等级三级，树高12米，胸围200厘米，冠幅10米×10米，生长势正常，生长环境良好，由司家庄村民委员会管护。

后北峰柿树

单株，位于北峰乡后北峰村，树龄230年，古树等级三级，树高10米，胸围150厘米，冠幅9米×8米，生长势正常，生长环境中等，管护人陈付强。该柿树树形美观，树枝呈折状生长，宛如一幅风景画，有很好的观赏效果。

孙甘店槐树

单株，位于孙甘店镇孙甘店村，权属为个人，树龄400年，古树等级二级，树高8米，胸围260厘米，冠幅15米×12米，生长势正常，生长环境良好。50年前树干曾遭过雷击。

柴家槐树

单株，位于大名镇南街村，树龄600年，古树等级一级，树高11米，胸围350厘米，冠幅15米×6米，生长势衰弱，生长环境中等，管护人柴云奎。相传明洪武年间（1368—1398）柴家先辈从山西省襄汾县到大名府艾家口镇（今大名县城）做生意，特意从老家洪洞大槐树带来树种种下该树，并在此开设了"永兴号杂货铺"。民间有先有"永兴号"后有"大名城"之说。

东赵庄侧柏

单株,位于王村乡东赵庄村,树龄300年,古树等级二级,树高25米,胸围200厘米,冠幅10米×10米,生长势正常,生长环境中等。

西赵庄白梨（一）

单株，位于王村乡西赵庄村，树龄200年，古树等级三级，树高4.5米，地围90厘米，冠幅9米×9米，生长势正常，生长环境良好，管护人周景山。

西赵庄白梨（二）

单株，位于王村乡西赵庄村，树龄300年，古树等级二级，树高4米，地围100厘米，冠幅9米×9米，生长势衰弱，生长环境中等。

涉县

SHEXIAN

统　稿　李彦东
摄　影　樊素贞　郭良科　陈生明　江大为
　　　　牛梦奇
文　字　樊素贞　牛梦奇

涉县位于河北省西南部，晋、冀、豫三省交界处，属太行山深山区，土地总面积1509平方千米，是邯郸市唯一的全山区县。涉县是一个有着悠久历史和灿烂文化的千年古县，早在20万年前就有先民生息，汉始置县，境内有古人类、商周和战国、汉文化遗址30多处，古建筑300多处，形成仰韶文化、北齐文化、女娲文化、石窟文化等文化脉系。涉县拥有一二九师司令部旧址、娲皇宫、太行五指山等国家级景区。

涉县林果资源丰富，核桃、花椒、柿子被誉为『涉县三珍』。全县普查发现古树名木522株，其中一级古树58株，二级古树84株，三级古树380株，包含名木3株，树种主要有槐树、侧柏、黄连木、核桃、椰榆、青檀、梨树、五角枫、榭栎、小叶朴等，全部进行挂牌保护。最为有名的是涉县固新古槐，胸围达17米，树龄2000年以上，相传『植于秦汉，盛于唐宋』，被誉为『天下第一槐』，入选《中国树木奇观》『中国最美古树』。

赤岸丁香

　　丁香，名木，单株，树龄77年，古树等级三级。树高5.7米，胸围95厘米，冠幅东西4米、南北4米，现长势正常。该树位于河南店镇赤岸村一二九师司令部旧址。这里地处清漳河畔，依山傍水，环境优美，为河北省重点文物保护单位。1940年，刘伯承、邓小平率八路军一二九师挺进太行山区，开辟、创建了晋冀鲁豫抗日根据地，一二九师司令部12月底迁驻赤岸村，其司令部便设在村中央的小山坡上。刘伯承、邓小平、李达等老一辈无产阶级革命家在此领导广大军民，彻底粉碎了日军对根据地的残酷扫荡，指挥了解放战争中的上党、平汉等战役，为取得抗日战争和解放战争的胜利作出了重大贡献。司令部旧址由3座相邻的农家四合院组成，依势而建，错落有致。下院是司令部办公的地方，正房院内有当年刘伯承、邓小平、李达亲手栽植的丁香和紫荆，每逢春季，花开满枝，清香宜人。

赤岸紫荆

紫荆，名木，单株，树龄77年，古树等级三级。树高4.5米，冠幅东西5米、南北5米，现长势良好。该树位于河南店镇赤岸村一二九师司令部旧址。

赤岸槐树

位于河南店镇赤岸村,树龄300年,古树等级二级。树高9米,胸围190厘米,冠幅东西15米、南北10米,现长势良好。

北郭口槐树

位于龙虎乡北郭口村,树龄700年,相传为明朝嘉靖年间(1522—1566)栽植,古树等级一级。树高17米,胸围260厘米,冠幅东西13米、南北12米,现由村民专人保护,长势良好。

东安居侧柏

位于鹿头乡东安居村,树龄500年,古树等级一级。树高9米,胸围345厘米,冠幅东西10米、南北7米,现长势良好。

东峧槐树

位于合漳乡东峧村,树龄800年,古树等级一级。树高11米,胸围230厘米,冠幅东西13米、南北8米,现长势良好。

曹家榔榆

位于关防乡曹家村,树龄800年,古树等级一级。树高9米,胸围350厘米,冠幅东西14米、南北10米,现长势良好。

大港侧柏

位于合漳乡大港村财神庙前,树龄500年,古树等级一级。树高19米,胸围260厘米,冠幅东西13米、南北11米,现长势良好。

大港黄连木

位于合漳乡大港村,树龄500年,古树等级一级。树高10米,胸围290厘米,冠幅东西13米、南北12米,现长势良好。

东泉侧柏

位于辽城乡东泉村,树龄800年,古树等级一级。树高7米,胸围200厘米,冠幅东西10米、南北8米,现长势良好。

固新槐树（一）

位于固新镇固新村，树龄2000年，古树等级一级。树高29米，胸围1700厘米，冠幅东西11米、南北13米，现长势中等。

固新古槐，在涉县历朝历代的县志上都有明确记载，村中不少碑文也对此有诸多记载和描述。据清嘉庆四年（1799）《涉县志》载："古槐树，邑有三，皆植自唐宋。一在故县镇（即固新），大十数围，枝叶扶疏，状类虬龙。"另据该村《古槐碑记》载：中州胜地古槐者派溯沙侯国（即涉县）属地也，高入云霄，世人罕见，乃中华灵秀之钟，民族之骄也。槐寿几何，有待于考，但有民间佳话盛传：一曰大明正德初刚立村时，已有千年古槐；二曰战国时期，秦兵攻赵东进路过此地，曾在古槐树下歇马饮食；三曰唐代吕洞宾在此修道，德高好弈，留下"先天古槐，后世小仙"之语；四曰其槐叶茂枝繁，延伸四方，覆盖数亩，曾有"槐荫福地"盛誉匾额高悬；五曰明末灾荒和1953年蝗旱灾年，古槐开仓，以槐豆枝叶拯救饥民，昼采夜长，茂然不败。据此综合推究，古槐当有2000年以上的历史。固新古槐历史悠久，有着许多美好的民间传说，如槐豆赈民、平身护宅、九搂一屁股、槐翁传艺、西太后三问老槐树、古槐陪嫁等等。数百年来，这些出神入化的民间传说故事吸引着众多游人前去观赏。随着历史变迁，日久天长，古槐逐渐衰老，原有树冠主枝均已枯朽，但萌生的新枝年年枝繁叶茂，展示着顽强的生命力。古槐是清漳河谷千百年文明史的见证，遍体斑痕即是遍体的数字，历经风刀雪剑仍傲然挺立。历尽沧桑的固新老槐树，受到历代固新村民的呵护，每逢战乱过后，村民便会自发到古

槐前清理、维护，特别是"文化大革命"期间，古树的众多匾额、碑文被砸毁，村民主动保存，匿藏了部分历史资料。十一届三中全会以后，村里专门组成领导班子，对这棵千年古槐进行开发，收集、整理了大批民间资料并撰写了《固新老槐树的传说》等文章，组织古槐附近村民进行搬迁，对古槐根部、主干进行了修缮养护，村里筹资300万元建立了古槐公园，于2005年5月16日落成。公园内建有大理石牌坊楼，颂槐厅里存放着修复的古槐纪念碑以及各级领导、文人墨客颂扬古槐的墨宝，其中有中国著名书法家海冰岩老先生为古槐题的词"天下第一槐"。固新古槐跨越20多个世纪，至今仍开花结果。它的存在，被生物学家、植物学家和历史学家所关注，多次前来研究考察。

2018年被评为"中国最美古树"。

固新槐树（二）

位于固新镇固新村，树龄550年，古树等级一级。树高10米，胸围440厘米，冠幅东西8米、南北8米，现长势中等。

东宇庄槐树

位于鹿头乡东宇庄村旧村民委员会门口麻池边。树龄500年,古树等级一级。树高5米,胸围570厘米,冠幅东西15米、南北15米。目前该树树干中空,分裂成三部分,在裂开的树干中,村民栽种了一株刺槐,树龄50年,树高20米,干高8.8米,胸围192厘米,被称为"槐中槐"。

固新黄连木（一）

位于固新镇固新村，树龄1000年，古树等级一级。树高14.5米，胸围480厘米，冠幅东西14米、南北14米，现长势良好。

固新黄连木（二）

位于固新镇固新村，树龄500年，古树等级一级。树高14.5米，胸围375厘米，冠幅东西12米、南北12米，现长势中等。

关防槐树

位于关防乡关防村，树龄500年，古树等级一级。树高9米，胸围280厘米，冠幅东西15米、南北14米，现长势良好。

郝家侧柏

位于辽城乡郝家村，树龄500年，古树等级一级。树高11米，胸围166厘米，冠幅东西8米、南北8米，现长势良好。

郝家槐树（一）

位于辽城乡郝家村，树龄800年，古树等级一级。树高13米，胸围530厘米，冠幅东西18米、南北16米，现长势良好。

郝家槐树（二）

位于辽城乡郝家村，树龄300年，古树等级二级。树高18米，胸围192厘米，冠幅东西13米、南北17米，现长势良好。

流四河侧柏

位于神头乡流四河村，树龄400年，古树等级二级。树高14米，胸围113厘米，冠幅东西5米、南北5米，现长势良好。

后峧黄栌

位于合漳乡后峧村,树龄800年,古树等级一级。树高7.8米,胸围620厘米,冠幅东西8米、南北11米,现长势良好。

后峧青檀

单株,位于合漳乡后峧村,树龄500年,古树等级一级。树高12米,胸围230厘米,冠幅东西9米、南北10米,现长势良好。

后寨槐树

位于偏店乡后寨村,树龄805年,古树等级一级。树高16米,胸围315厘米,冠幅东西15米、南北17米。据碑志记载,相传为元代栽植。后寨村曾为这株树进行年轮核实,该树虽然年代久远,但保护完好,树势强壮。

黄栌脑黄栌（一）

位于辽城乡黄栌脑村，树龄500年，古树等级一级。树高5米，胸围600厘米，冠幅东西11米、南北11米，现长势良好。

黄栌脑黄栌（二）

位于辽城乡黄栌脑村，树龄500年，古树等级一级。树高4米，胸围350厘米，冠幅东西4米、南北7米，现长势良好。

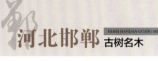

黄栌脑五角枫

位于辽城乡黄栌脑村,树龄300年,古树等级二级。树高13米,胸围210厘米,冠幅东西13米、南北14米,现长势良好。

南岗槐树

位于涉城镇南岗村，树龄500年，古树等级一级。树高14.5米，胸围260厘米，冠幅东西9米、南北9米，现长势良好。

南郭口槐树

位于龙虎乡南郭口村，树龄500年，古树等级一级。树高9米，胸围360厘米，冠幅东西12米、南北14米，现长势衰弱。

偏城侧柏群

位于偏城镇偏城村禁坡山顶,群生,共7株,最大一株位于山顶上,树龄800年左右,树高7.5米,干高2.7米,胸围267厘米,冠幅东西10米、南北8.5米。该古柏苍翠挺拔,枝干虬曲,条条粗根扎结在坚硬的岩缝之中,十分壮观。

前宽嶂槐树

位于神头乡前宽嶂村,树龄500年,古树等级一级。树高9米,胸围360厘米,冠幅东西14米、南北14米。该树于1938年3月31日见证了著名的响堂铺伏击战,当年八路军一二九师3个团在两个小时内共烧毁日寇汽车180辆,歼敌400余人,缴获迫击炮4门,轻重机枪16挺,长短枪300余支及其他大批战利品。现长势正常。

上温槐树

位于索堡镇上温村,树龄500年,古树等级一级。树高7米,胸围320厘米,冠幅东西8米、南北8米,现长势正常。

石泊侧柏

位于龙虎乡石泊村,树龄1000年,古树等级一级。树高6米,胸围628厘米,冠幅东西11米、南北9米,现长势良好。

圣寺驼槲栎

位于偏城镇圣寺驼村,树龄500年,古树等级一级。树高14米,胸围325厘米,冠幅东西6米、南北11米,现长势衰弱。

台华槐树

位于西达镇台华村,树龄800年,古树等级一级。树高15米,胸围490厘米,冠幅东西13米、南北21米,现长势良好。

石峰榔榆

位于偏城镇石峰村,树龄500年,古树等级一级。树高11米,胸围760厘米,冠幅东西11米、南北11米,现长势衰弱。

温庄侧柏

位于索堡镇温庄村,树龄1400年,古树等级一级。树高14米,胸围325厘米,冠幅东西10米、南北15米,现长势良好。据传该树在20世纪70年代,曾有人高价购买,伐木工刚锯破树干皮层,锯口处就涌出似血非血的汁液,伐木工见状,就此收工停伐。从此人们视此树为神树,再也不敢有妄动之举。目前此树枝繁叶茂,生长正常,成为清幽寺一景,凡到清幽寺敬香拜佛的香客,都要去一睹其雄姿。

西达槐树

位于西达镇西达村,树龄555年,古树等级一级。树高15米,胸围440厘米,冠幅东西26米、南北24米,现长势衰弱。

西辽城毛白杨

位于辽城乡西辽城村,树龄500年,古树等级一级。树高22米,胸围565厘米,冠幅东西9米、南北9米,现长势良好。

SHEXIAN 涉县

卸甲侧柏

位于河南店镇卸甲村，树龄500年，古树等级一级。树高17米，胸围175厘米，冠幅东西6米、南北6米，现长势良好。

雪寺榔榆

　　位于神头乡雪寺村，树龄600年，古树等级一级。树高14米，胸围220厘米，冠幅东西10米、南北11米，现长势正常。

杨家庄槐树

位于鹿头乡杨家庄村,树龄500年,古树等级一级。树高16米,胸围503厘米,冠幅东西16米、南北20米,现长势良好。

峪里皂荚

位于辽城乡峪里村,树龄500年,古树等级一级。树高22米,胸围276厘米,冠幅东西16米、南北21米,现长势良好。

原曲黄栌

位于固新镇原曲村,树龄500年,古树等级一级。树高9米,胸围376厘米,冠幅东西10米、南北8米,现长势良好。

张头侧柏

位于合漳乡张头村,树龄600年,古树等级一级。树高10米,胸围315厘米,冠幅东西12米、南北10米,现长势正常。

杨家寨白榆

白榆，名木，单株，位于偏店乡杨家寨村关帝庙前，是八路军一二九师十九团连长杨景河于1932年3月栽植，树龄86年，古树等级三级。树高17米，胸围270厘米，冠幅东西10米、南北16米，该树干形通直、饱满，现长势正常。

大矿槐树

位于固新镇大矿村，树龄400年，古树等级二级。树高11.5米，胸围423厘米，冠幅东西12米、南北12米，现长势良好。

丁岩黄连木

位于合漳乡丁岩村,树龄300年,古树等级二级。树高11米,胸围230厘米,冠幅东西13米、南北8米,现长势良好。

高家庄槐树

位于索堡镇高家庄村,树龄350年,古树等级二级。树高10米,胸围245厘米,冠幅东西6米、南北8米,现长势正常。

又上槐树

位于更乐镇又上村,树龄335年,古树等级二级。树高6米,胸围135厘米,冠幅东西4米、南北5米,现长势良好。

韩家窑榔榆

位于辽城乡韩家窑村,树龄300年,古树等级二级。树高20米,胸围300厘米,冠幅东西14米、南北14米,现长势良好。

后岈黄栌

位于合漳乡后岈村,树龄300年,古树等级二级。树高6米,胸围280厘米,冠幅东西9米、南北7米,现长势良好。

后寨核桃群

群生，共23株，位于偏店乡后寨村，树龄300年，古树等级二级。平均树高16米，胸围312厘米，冠幅东西24米、南北24米，现长势正常。

孔家槐树

位于固新镇孔家村，树龄600年，古树等级一级。树高9米，胸围340厘米，冠幅东西12米、南北17米，现长势良好。

江家庄臭椿

位于神头乡江家庄村,树龄300年,古树等级二级。树高12米,胸围289厘米,冠幅东西10米、南北10米,现长势良好。

刘家庄黄连木

位于辽城乡刘家庄村,树龄300年,古树等级二级。树高14.5米,胸围234厘米,冠幅东西18米、南北14米,现长势良好。

黑龙洞槲栎（一）

位于偏城镇黑龙洞村，树龄300年，古树等级二级。树高8米，胸围163厘米，冠幅东西9米、南北8米，现长势正常。

黑龙洞槲栎（二）

位于偏城镇黑龙洞村长岭自然村，树龄300年，古树等级二级。树高8米，胸围170厘米，冠幅东西13米、南北10米，现长势良好。

黑龙洞黄栌

位于偏城镇黑龙洞村长岭自然村，树龄300年，古树等级二级。树高6米，胸围100厘米，冠幅东西3米、南北3米，现长势良好。

马布侧柏

位于龙虎乡马布村,树龄300年,古树等级二级。树高7米,胸围170厘米,冠幅东西7米、南北7米,现长势衰弱。

马布槐树

位于龙虎乡马布村,树龄300年,古树等级二级。树高7米,胸围170厘米,冠幅东西7米、南北7米,现长势衰弱。

南郭口槐树

位于龙虎乡南郭口，树龄300年，古树等级二级。树高23米，胸围345厘米，冠幅东西23米、南北18米，现长势良好。

牛家白皮松

位于西达镇牛家村,树龄355年,古树等级二级。树高17.5米,胸围225厘米,冠幅东西20米、南北18米,现长势良好。

坪上白皮松

位于固新镇坪上村，树龄300年，古树等级二级。树高9米，胸围211厘米，冠幅东西9米、南北9米，现长势正常。

前坪核桃

位于偏城镇前坪村，树龄300年，古树等级二级。树高12米，胸围290厘米，冠幅东西10米、南北15米，现长势良好。

石峰槐树

　　位于偏城镇石峰村，树龄300年，古树等级二级。树高13米，胸围216厘米，冠幅东西10米、南北8米，现长势衰弱。

石窑槐树

位于辽城乡石窑村，树龄300年，古树等级二级。树高26米，胸围318厘米，冠幅东西18米、南北14米，现长势良好。

史邰侧柏

位于合漳乡史邰村，树龄300年，古树等级二级。树高14米，胸围150厘米，冠幅东西7米、南北7米，现长势正常。

田家嘴黄连木

位于合漳乡田家嘴村，树龄300年，古树等级二级。树高7米，胸围197厘米，冠幅东西6米、南北7米，现长势衰弱。

宋家槐树（一）

位于关防乡宋家村，树龄400年，古树等级二级。树高12米，胸围420厘米，冠幅东西14米、南北10米，现长势良好。

宋家槐树（二）

位于关防乡宋家村，树龄300年，古树等级二级。树高15米，胸围380厘米，冠幅东西14米、南北11米，现长势良好。

曲峧槐树

位于索堡镇曲峧村,树龄300年,古树等级二级。树高16.5米,胸围458厘米,冠幅东西13米、南北12米,现长势正常。

上温槐树

位于索堡镇上温村,树龄300年,古树等级二级。树高21.5米,胸围285厘米,冠幅东西14米、南北12米,现长势正常。

苏家黄连木（一）

位于辽城乡苏家村，树龄300年，古树等级二级。树高8.5米，胸围210厘米，冠幅东西9米、南北9米，现长势良好。

苏家黄连木（二）

位于辽城乡苏家村，树龄300年，古树等级二级。树高7米，胸围431厘米，冠幅东西7米、南北7米，现长势良好。

苏家槐树

位于辽城乡苏家村，树龄300年，古树等级二级。树高13米，胸围274厘米，冠幅东西14米、南北16米，现长势良好。

苏刘槐树

位于关防乡苏刘村,树龄400年,古树等级二级。树高13米,胸围380厘米,冠幅东西13米、南北16米,现长势良好。

西庄槐树

位于偏城镇西庄村,树龄300年,古树等级二级。树高11米,胸围270厘米,冠幅东西11米、南北11米,现长势良好。

西涧槲栎

位于辽城乡西涧村,树龄300年,古树等级二级。树高14米,胸围305厘米,冠幅东西14米、南北11米,现长势良好。

小峧侧柏（一）

位于偏城镇小峧村，树龄300年，古树等级二级。树高7米，胸围176厘米，冠幅东西10米、南北9米，现长势良好。

小垴侧柏（二）

位于偏城镇小垴村，树龄300年，古树等级二级。树高7米，胸围129厘米，冠幅东西7米、南北6米，现长势正常。

小垴核桃（一）

位于偏城镇小垴村，树龄350年，古树等级二级。树高19.5米，胸围233厘米，冠幅东西19米、南北19米，现长势衰弱。

小峧核桃（二）

位于偏城镇小峧村，树龄350年，古树等级二级。树高18.5米，胸围251厘米，冠幅东西21米、南北21米，现长势良好。

小峧流苏

位于偏城镇小峧村，树龄300年，古树等级二级。树高13米，胸围360厘米，冠幅东西8米、南北11米，现长势衰弱。

小矿槐树

位于固新镇小矿村,树龄300年,古树等级二级。树高12米,胸围200厘米,冠幅东西7米、南北6米,现长势良好。

杨家寨核桃

位于偏店乡杨家寨村，树龄305年，古树等级二级。树高17米，胸围278厘米，冠幅东西19米、南北21米，现长势良好。

原曲侧柏群

群生，共17株，位于固新镇原曲村，树龄400~1000年，古树等级一级。树高10~15米，胸围160~439厘米，冠幅最大棵东西10米、南北11米，现长势正常。

中原槐树

　　位于涉城镇中原村，树龄405年，古树等级二级。树高11米，胸围367厘米，冠幅东西11米、南北15米，现长势正常。

磁县

CIXIAN

统　稿　张新文
摄　影　徐子健　张　兵　王　勇
文　字　徐子健　李志芳

磁县位于河北省最南端，历史上曾因临滏水取名『临水县』，因地产磁石而得名『磁州』。磁县辖11个乡镇，258个行政村，地域面积695平方千米，总人口48万。地势西高东低，西部山区、中部丘陵、东部平原。磁县是赵都、殷都、邺都『三都』文化交汇地，磁州窑文化、仰韶文化、殷商文化、赵文化、曹魏建安文化、北朝文化都留有丰厚遗存，是河北省第二文物大县。

目前，全县共登记古树87株，其中一级古树37株，二级古树20株，三级古树30株，树种主要为国槐、侧柏等。其中最有名的是槐树屯的千年古槐和被评为『全国最美古树』之一的炉峰山大果榉。

槐树屯槐树（一）

位于磁州镇槐树屯村，树龄1500年，保护等级一级。树高10米，胸围392厘米，冠幅12米×13米，槐树屯村村名起源于本村的几棵老槐树，传说灾荒年救活本村村民。

槐树屯槐树（二）

位于磁州镇槐树屯村，树龄1500年，保护等级一级。树高15米，胸围380厘米，冠幅12米×8米。

槐树屯槐树（三）

位于磁州镇槐树屯村，树龄150年，保护等级三级。树高12米，胸围110厘米，冠幅6米×8米。

槐树屯槐树（四）

位于磁州镇槐树屯村，树龄400年，保护等级二级。树高15米，胸围142厘米，冠幅15米×13米。

西韩沟臭椿

位于陶泉乡西韩沟村，树龄200年，保护等级三级。树高20米，胸围295厘米，冠幅9米×8米，在臭椿树中是少有的大树，该村在树前设有"华夏第一椿"的围栏。

北王庄黄连木

位于陶泉乡北王庄村东南角,树龄1000年,保护等级一级。树高15米,胸围520厘米,冠幅15米×16米。据村史记载,该树存在于北王庄村建村之前,北王庄村村史有900多年。

北王庄槐树

位于陶泉乡北王庄旱河道北岸,树龄400年,保护等级二级。树高10米,胸围120厘米,冠幅8米×8米。树下有一对明代雕刻的石狮子(已遗失一座)。

炉峰山大果榉

　　大果榉，别名青榆、小叶榉，属于榆科榉属，炉峰山大果榉位于磁县西部山区陶泉乡北王庄村炉峰山上。炉峰山海拔1088米，因其主峰酷似香炉而得名，是磁县第一高峰，山上植被种类丰富，树木旺盛，平均郁闭度0.7以上，山顶建有明代万历年间古庙，游客不断。该大果榉生长在海拔950米平坦处，树高14米，平均冠幅17米，胸围430厘米，相传树龄2000多年，保护等级一级。树干高3米处有4个主枝向四方延伸，生长旺盛，树体硕大，结实量多，覆盖面积300平方米，在大果榉树干分枝处有一株自然生长的油松，形成了天然的"榆抱松"景观。大果榉历经2000多年，经历无数次自然灾害，如今仍然枝繁叶茂，健壮地屹立在磁县炉峰山上。

　　相传公元前203年，刘邦被项羽打败后，率数十骑逃至此地，得以喘息，刘邦建立西汉王朝后，植下此树，以表纪念。东汉光武帝刘秀也曾在此拴马歇脚，至今树下青石上饮马池、马蹄印尚存。

　　磁县炉峰山大果榉，无论从树龄、海拔、胸围、树高、冠幅、生长势、生长环境都十分珍稀，在华北乃至全国十分罕见。2018年被评为"中国最美古树"。

南王庄槐树

位于陶泉乡南王庄村,树龄1000年,保护等级一级。树高18米,胸围250厘米,冠幅15米×16米。

肥乡区

FEIXIANGQU

统　稿　董志坤
摄　影　颜学兵　王社平　丁　鑫
文　字　颜学兵　丁　鑫

肥乡区位于河北省南部，2016年9月30日撤县设区。全区辖5镇4乡，265个行政村，总面积503平方千米。肥乡区位置独特、历史悠久、文化厚重，三国魏文帝曹丕黄初二年（221）始建肥乡县，距今已有1800年历史。肥乡区有平原君赵胜墓、窦默墓、圣井等省级文化遗址，传统棉编织、四股弦、皮影戏被列为国家级非物质文化遗产，赵文化、佛教文化、道教文化底蕴深厚。

全区共有古树50株，其中一级古树5株，二级古树5株，三级古树40株，树种主要有槐树、皂荚、杜梨等。其中屯庄营乡刘寨营村古槐树龄有千年以上，相传为宋代将军所植，在饥荒年代为人们提供食物。

崔庄皂荚

位于毛演堡乡崔庄村，树龄约510年，保护等级一级。树高9.3米，胸围250厘米，冠幅15米×13米。此树树体部分中空，但生长旺盛，开花时节，花香四溢，沁人心脾。

邓庄槐树

位于屯庄营乡邓庄村,树龄370年左右,保护等级二级。树高8.3米,胸围230厘米,冠幅5米×6米。相传为清代乾隆年间(1711—1799)所植,当年栽植古树的人拥有乾隆文书。

东杜堡槐树

位于辛安镇镇东杜堡村,树龄300年左右,保护等级二级。树高6.3米,胸围180厘米,冠幅10米×9米。据传为清代嘉庆年间(1795—1820)所植,树形较好,枝繁叶茂。

东辛店皂荚

位于旧店乡东辛店村,树龄300年左右,保护等级二级。树高11.5米,胸围211厘米,冠幅16米×16米。此树生长旺盛,枝繁叶茂,树干通直饱满,树冠庞大,果实累累。

刘寨营槐树

位于屯庄营乡刘寨营村,树龄800年左右,保护等级一级。树高4.5米,胸围160厘米,冠幅6米×5米。相传为宋代将军所植,与村后的古槐遥相呼应,千年以来古槐以自己独特的方式关爱村民,饥荒年代为村民提供食物。

毛演堡皂荚

位于毛演堡乡毛演堡村碧霞元君祠旁,树龄700年左右,保护等级一级。树高11米,胸围405厘米,冠幅14米×14米。传说这树应验极灵,能为人祛灾消病,周边群众多来祭祀,香火旺盛。

南谢堡槐树

位于天台山镇南谢堡村,树龄约300年,保护等级二级。树高9.5米,胸围210厘米,冠幅10米×10米。树干部分中空,枝繁叶茂。

南营槐树

位于旧店乡南营村，树龄300年左右，保护等级二级。树高9.2米，胸围350厘米，冠幅9米×23米。树主干部分枯死，但枝条生长虬髯有力，枝繁叶茂。据户主说对此树许愿极其灵验。

天台山皂荚

位于天台山镇天台山村,树龄200年左右,保护等级三级。树高14.5米,胸围250厘米,冠幅13米×14米。老树生长旺盛,果实累累。

田寨槐树

位于屯庄营乡田寨村,树龄400年左右,保护等级二级。树高4.1米,胸围24厘米,冠幅5米×5米。老树干已枯死,从老树根部中间新生长一棵树,老树发新芽,花开二度。

西关杜梨

位于肥乡镇西关村,树龄100年左右,保护等级三级。树高11米,胸围210厘米,冠幅12米×12米。

辛安镇槐树

位于辛安镇镇辛安镇村，树龄510年左右，保护等级一级。树高8.7米，胸围350厘米，冠幅11米×8米。树干中空，枝繁叶茂。

永年区
YONGNIANQU

统　稿　苑建忠
摄　影　赵占军　李丽彩
文　字　赵占军　马琳英　张丽格
　　　　李丽彩　温佳男　石娟华

永年区位于河北省南部、邯郸市主城区北部。2016年9月撤县建区，辖17个乡镇，363个行政村，总人口96.4万。永年区是闻名遐迩的中国太极拳之乡、中国紧固件之都。永年区历史文化悠久，具有7000多年的文明史和2000多年的建县史。早在春秋时即有建制，古称曲梁、易阳、广年，隋代改称永年至今。境内有历史文化遗存321处，有非物质文化遗产67项，其中杨式、武式太极拳和吹歌、西调等5项为国家级非物质文化遗产。东部广府古城，距今有2300多年历史，是独具特色的『古城水城太极城』。

全区共登记古树45株，其中一级古树7株，二级古树12株，三级古树26株，树种主要有槐树、侧柏、皂荚、桑树等。其中有永合会镇王边村『夫妻槐』的美丽传说，也有焦窑村『一里三孔桥，二柏担一孔』的感人故事。

三分槐树

位于曲陌乡三分村,树龄300年,古树等级二级,三分村村民个人所有。树高8米,胸围225厘米,冠幅8米,生长势正常。

北卷东皂荚

位于曲陌乡北卷东村,树龄300年,古树等级二级,北卷东村村民个人所有。树高13米,胸围92厘米,冠幅19米,生长势正常。

王边侧柏

2株，位于永合会镇王边村闫氏宗祠院内，树龄450年，古树等级二级，属王边村村民个人所有。树高15米，胸围130厘米，冠幅5米，生长势正常。

王边夫妻槐

　　双株，位于王边村范边街口向右50米，树龄500年，古树等级一级，树高8米，胸围300厘米，平均冠幅10米×13米，生长势正常，生长环境良好。

　　王边村范边街口向右50米路左侧，在一户老宅门前，有两棵500年树龄的古槐，被当地百姓亲切地称为"夫妻槐"。这里还有一个美丽的传说。相传古时候，王边村有一对十分恩爱的夫妻，他们不但辛勤耕作，日夜操劳，而且悉心奉养老人，精心抚育子女，村子里的乡亲只要一提起他们，无不交口称赞。他们和村子里的乡亲们一样，都是永乐年间移民过来。夫妻俩辛劳了一辈子，终于把孩子们个个抚养成人，结婚生子，自己却已是满头白发，垂垂老矣。在他们临终前，不约而同地提出一个愿望，到他们的老家山西洪洞县，找到那棵大槐树，移植两根小树枝，栽在自己家的门前。于是，他们的子女历经千辛万苦，最终帮两位离世的老人实现了夙愿，栽植了两棵槐树在门前。历经500多年岁月沧桑，如今两棵老槐树依然屹立不倒、苍劲有力。其中，右边那棵伟岸挺拔，像作为一家人的主心骨、顶梁柱的丈夫；左边那棵，头深深地低垂着，向下欠着身子，似整日操持家务、累弯了腰的妻子。看到两棵老槐，仿佛看见了一生相伴偕行的夫妻，正在用行动无声地诠释着不离不弃、生死相依的爱的真谛，令人肃然起敬！

王边槐树

位于永合会镇王边村,树龄500年,古树等级一级,属王边村村民个人所有。树高7米,胸围270厘米,冠幅10米,生长势正常。

焦窑侧柏（一）

位于永合会镇焦窑村，树龄500年，古树等级一级，属焦窑村村民委员会集体所有。树高13米，胸围300厘米，冠幅17米，生长势正常。

焦窑侧柏（二）

位于永合会镇焦窑村，树龄500年，古树等级一级，属焦窑村村民委员会集体所有。树高15米，胸围280厘米，冠幅11米，生长势正常。

焦窑侧柏（三）

位于永合会镇焦窑村第四实验学校东行100米，树龄500年，古树等级一级，属焦窑村村民委员会集体所有。树高16米，胸围260厘米，冠幅18米，生长势正常。

焦窑桑树

位于永合会镇焦窑村第四实验学校东行100米，树龄450年，古树等级二级，属焦窑村村民委员会集体所有。树高13米，胸围260厘米，冠幅18米，生长势正常。

南街皂荚

位于广府镇南街村,树龄300年,古树等级二级,属南街村村民个人所有。树高18米,胸围255厘米,冠幅9米,生长势衰弱。

西街槐树(一)

位于广府镇西街村,树龄400年,古树等级二级,属西街村村民个人所有。树高9米,胸围90厘米,冠幅6米,生长势衰弱。

西街槐树（二）

位于广府镇西街村，树龄500年，古树等级一级，属西街村村民个人所有。树高15米，胸围120厘米，冠幅14米，生长势正常。

南街槐树

位于广府镇南街村,树龄350年,古树等级二级,属南街村村民个人所有。树高15米,胸围300厘米,冠幅20米,生长势衰弱。

西杨庄皂荚

位于东杨庄镇西杨庄村，树龄400年，古树等级二级，属西杨庄村村民个人所有。树高20米，胸围200厘米，冠幅15米，生长势正常。

借马庄槐树

位于张西堡镇借马庄村，树龄300年，古树等级二级，属借马庄村村民个人所有。树高16米，胸围80厘米，冠幅16米，生长势正常。

邱县

QIUXIAN

统　稿　李淑英
摄　影　王淑霞　王　虎
文　字　王淑霞

邱县位于河北省南部，地处环渤海经济圈和中原经济区交汇区域，位于『井』字型交通干线中心，大广高速、106国道、311省道纵横穿越县境。西近京广高铁、京珠高速，东有京九铁路、北依青银高速、邯黄铁路，南临邯济铁路、青兰高速。全县土地总面积455平方千米，辖5镇2乡，217个行政村，总人口26万。邱县历史悠久，破釜沉舟、白沙抗金、虎守杏林、巨桥发粟等历史典故就发生在这里，也曾是抗金的古战场，孙思邈也在这里行医济世。陈赓将军指挥的香城固战役作为平原伏击战的典范载入军史。『青蛙』农民漫画全国知名，著名的『中国梦·牛精神』漫画诞生于此。

邱县拥有文冠果生产基地、丝绵木繁育基地。全县古树共有14株，其中一级古树8株，三级古树6株，主要树种是槐树、柘树等。

刘云固槐树

单株，位于香城固镇刘云固村中路北。传说树龄1600余年，已历经14个朝代，亦有说为晋代古槐。保护级别为一级。树高约13米，胸围393厘米，冠幅东西11米、南北11米。现树基外围隆起，有少许盘根露出，树基糟朽。树干自基部到第一层分枝外已腐朽、中空、开裂。整个树冠呈卵形，树老枝新，仍花繁叶茂，生长旺盛。

东关槐树

单株，位于新马头镇东关村，树龄600余年，属一级保护。树高15米，胸围260厘米，冠幅东西8米、南北8米，树干直立（原有空洞，可容2人，小儿可藏4~5人，因南外皮折毁，渐已长围合）。树冠长势茂盛，每年仍花繁叶茂果丰。

郭村槐树

单株，位于新马头镇郭村，树龄约500年，属一级保护。树高2.76米，胸围264厘米，冠幅东西10米、南北9.96米，枝叶茂盛，每年开花结果。

东关枣树

单株，位于新马头镇东关村，树龄约600年，属一级保护。树高8米，胸围134厘米，冠幅东西7.8米、南北7.5米，枝叶茂盛，每年开花结果。

韩庄槐树

单株，位于新马头镇韩庄村，树龄约600年，属一级保护。树高9米，胸围204厘米，冠幅东西10.5米、南北12米，枝叶茂盛，每年开花结果。

新鲜庄槐树

单株,位于新马头镇新鲜庄村,传说树龄600年,属一级保护。胸围2.34米,冠幅东西、南北各8米。主干自根部分成两股,向上又合二为一,但枝叶旺盛,每年开花结果。

鲍庄槐树

单株,位于古城营镇鲍庄村,树龄约500年,属一级保护。树高2.3米,胸围153厘米,冠幅东西5米、南北5米,枝叶茂盛,每年开花结果。

南寨柘树

单株，位于邱城镇南寨村东南。据民间传说，树龄有千年之久，保护级别为一级。现树高7米，胸围158厘米，冠幅东西6米、南北6米，枝叶繁茂，生长旺盛。果实近球形，橘红色，表面微皱，可食，9~10月份成熟。树皮入药可止咳化痰，治跌打骨折等症。

恒庄杜梨

4株，位于新马头镇恒庄村东北，树龄200余年，属三级保护。平均树高14米，平均胸围174厘米，平均冠幅东西9米、南北13米，4株古树，并列而生，皆雄伟挺拔，树干笔直。树冠枝繁叶茂，花开之时，如雪似银的小白花，纷纷扬扬、生机盎然，但花落之后不见结果。

QIUXIAN 邱县

鸡泽县

JIZEXIAN

统　稿　柴恩芳
摄　影　李向娟　李　瑶　张　康　廖月枝
文　字　李　瑶　张　康

鸡泽县隶属于河北省邯郸市，位于河北省南端，邯郸市东北部，太行山东麓海河平原的黑龙港流域，土地总面积337平方千米，辖4镇、3乡，169个行政村，总人口33.6万。2008年，中国毛氏研究会给邯郸市鸡泽县政府颁发证书，确认鸡泽县是毛遂故里。鸡泽有『中国辣椒之乡』之称，全县辣椒种植面积7万亩，年加工鲜椒20万吨，有加工企业128家，产业总产值5.5亿元，建成了辣椒工贸城和无公害辣椒基地。2016年被国家住房和城乡建设部正式命名为『国家园林县城』。

鸡泽县共有古树2株，一级古树1株，三级古树1株，采取了设置围栏、悬挂标牌等保护措施，保护状况良好。

尹曹庄槐树

单株，位于曹庄乡尹曹庄村，树龄102年，树高12米，胸围200厘米，平均冠幅14米，生长势健康，生长环境良好。由个人管护，保护现状为砌树池。

浮东二村槐树

　　单株，位于浮图店乡浮东二村。树龄600余年，种植于明朝前期。保护级别一级。树高约12米，胸围471厘米，冠幅东西17米、南北16米。现枝繁叶茂，长势好，但根部中空。据分析，此树曾发生过一次火灾，树木部分被烧毁，后村民用水泥填充进行保护。目前，村民委员会已将古槐用铁栏杆围起，建起"古槐"小牌楼，树下有一"槐树庙"，2010年3月1日被授予"县级重点文物保护单位"。由浮图店乡人民政府负责管护。

魏县

WEIXIAN

统　稿　李振江
摄　影　安金明　牛鹏斐　李云峰
　　　　李书凤　付少敏　周占兵
　　　　贾艳利
文　字　潘文明　李梅月　路　露

魏县地处河北省最南端，北与广平县毗邻，西与成安县、临漳县接壤，东与大名县相连，南与河南省的清丰、南乐、内黄三县隔河相望，漳河、卫河自西向东流经县域。全县土地总面积864平方千米，总人口103万，2010年4月被评为『全国绿化模范县』。

魏县县名来源于战国时的魏国国名，汉初以魏国国名命名魏县。县内著名景区有：魏祠公园、神龟驮城文化公园、日晷公园、礼贤台、漳河湾等。魏县植物种类繁多，据调查，木本植物近30科50余种。魏县鸭梨栽培已有近3000年的历史，是著名的『中国鸭梨之乡』『中国优质鸭梨基地重点县』『河北省优质鸭梨生产基地县』『河北省无公害果品生产基地』。

全县共登记古树10014株，其中二级古树6株，三级古树10008株，树种主要有梨树、毛白杨、槐树、枸杞、皂荚等。其中位于魏城镇西南温村南的鸭梨树，被世人誉称为『千年梨王』。

东南温梨树群

　　东南温梨树群位于魏城镇东南温村，共有古梨树1409株，这里是魏县鸭梨的种源地之一，古梨树聚集，百年以上的梨树比比皆是，有的虬曲苍劲，有的蜿蜒曲折，每一棵树都独具一格，每一棵树都能自成一景，让人们不得不感叹大自然的造化，这些古梨树迟暮之年仍然开花、结果，继续造福于乡邻。此外，由于这里梨树种植历史悠久、数量庞大，增加了梨树变异品系的出现机会，技术人员选育出了美香鸭梨、金脆鸭梨等新品系，成为优良的种质资源基地。

银白梨

河北邯郸 古树名木

砘子梨

WEIXIAN 魏县

千年梨王

梨树桥接

西南温梨树群

　　该古树群位于魏城镇西南温村南，面积9000余亩，古梨树1309株，平均树龄118年，最大树龄估测超200年，为三级古树。西南温村位于华北黑龙港流域腹地，系黄河、漳河冲积沉淀而成的平原，地势平坦，光照充足，雨量充沛，四季分明，土壤通透，适宜梨果生长及营养积累。魏县鸭梨种植历史悠久，据考证已有3000年的历史，品种具有抗逆性强、连续结果能力强等优点，在长期的种植实践中，人们发现同样的水肥及管理条件下，愈是老树，结出的梨果愈甜，风味更浓郁，这就促使果农更加注重对老树的精心管护。

和顺会槐树

位于前大磨乡和顺会村村民委员会院内,树龄100多年,保护等级三级。树高13米,胸围150厘米,冠幅东西22米、南北29米。

胡庄杜梨

位于仕望集乡胡庄村西北的刘家坟地,估测树龄300多年,古树等级二级,树高约22.5米,胸围265厘米,冠幅东西21米、南北19米,枝叶茂盛,生长环境良好。

据传说,该树从栽植至今历经刘家9代人,现第9代人已经30多岁,记载了刘家300多年的历史变迁。传说多年前有个好吃懒做之徒,想要把这棵树挖掉换成钱。可没挖多深就挖出了好多小白蛇,吓得他丢下铁锹就跑,回家后生了一场大病,不久后离开人世。还有淘气的小孩爬到树上折树枝玩,回家后就生病了。

西关槐树

位于魏城镇西关村,望远南街西侧一东西胡同内,栽于清道光年间,历经沧桑,距今已有180余年,属三级保护。古槐高7米,冠幅东西15米、南北6米,该树主根东西向全裸延伸约30米,出于保护现大部分已埋入地下。该树长势良好,枝叶茂盛,树形清奇,根状遒劲,自为一景,在方圆几十里名气很大。

曲周县
QUZHOUXIAN

统　稿　吴绍岭
摄　影　李俊奇　常文霞　田学梅　王志彬
文　字　李俊奇　常文霞　颜江涛

曲周县位于河北省邯郸市东部，东接邱县、馆陶，南邻广平、肥乡，西连永年、鸡泽，北与邢台市平乡、广宗两县接壤。土地总面积667平方千米，辖6个镇、4个乡、342个行政村，总人口52万。曲周县在春秋时为晋曲梁地，战国属赵，秦属邯郸郡，汉初封郦商为曲周侯，曲周之名始有记载。因位于古曲梁边陲，故名曲周。汉武帝建元四年（137）始置曲周县。1946年10月为纪念抗日县长郭企之烈士，改称企之县，1949年恢复原名。

全县共登记古树15株，其中一级古树4株，二级古树4株，三级古树7株，主要树种为槐树、枣树、皂荚、柘树等。

东街槐树

　　位于曲周镇东街村村民余双印家庭院中,树高8米,胸围210厘米,冠幅15米×13米,树龄303年,属二级保护古树。由于树龄较大,树干多年来遭受风雨侵蚀,树干东南部树皮脱落,雨水浸入,形成一个树洞。

　　据当地村民介绍,相传当年刚栽上此树不久,他的祖先在树底下放了一个缸用来盛水,天上飞龙看见后,每到夜晚化作巨蟒来此饮水,天亮后离开。此树也因此沾得灵性,修炼成槐仙。后人就在此立了一座小庙,供奉槐仙。此古槐树虽在村民院中,附近仍不断有人来此焚香许愿,祈求平安健康,事事如意。

　　东街古槐树姿古朴苍劲,展现了曲周县文明古老的历史和底蕴深邃的文化,体现了曲周人民世世代代为家乡发展和祖国振兴坚忍不拔的奋斗精神。

西流上寨皂荚

　　位于第四疃镇西流上寨村一农户院中，树高15米，胸围240厘米，冠幅东西9米、南北10米，树龄701年，属一级保护古树。目前，该树生长正常，仍然年年开花结果。

　　据其家人介绍，明朝燕王扫北时其先祖曾死于此树下。原来此树有南北两大枝，后来其父辈盖房时锯掉北边一大枝，目前北边大枝锯口处已中空腐烂，该树生长的院内在建房后垫土1米多深，原来5阶门台基本埋没，也就是树干已埋土1米多深，树木生长仍然很好。

高庄槐树

　　位于白寨镇高庄村槐荫寺院内，树高6.5米，胸围300厘米，冠幅东西9米、南北11米，树龄600年，属一级保护古树。目前，原树干地上部分已枯死，萌生弯曲干现生长正常。对原树干已采取封堵树洞、包树箍等措施进行保护。

　　据该村80岁高龄的高天杰老人介绍，此古槐树原树干三枯三荣，后从根侧地下发出新枝长成弯曲新树干，原树干于1955年前后全部枯死，古槐树以前的树冠能遮盖半亩大的地方。其先人是从山西洪洞县老槐树下迁来的高姓兄弟三人，定居于此，生息繁衍，并将从洪洞县带来的槐树种子种于此地，长出此槐树，槐树生长茂盛，荫及后人，便在树下修了槐仙庙，旁边修药王庙，以前人们医术较低，靠从古槐树下庙中求取供奉食物，得到心理安慰，可以治病，保佑村民平安健康。人们世世代代在此生息，逐步形成了现在的高庄村。

前衙槐树

曲周县安寨镇前衙村的古槐树，在前衙村村民文化广场大戏台东侧南北街路边，这棵古槐树，见证了前衙村发展永恒的光辉。

古槐树的树身不是太高，有3米左右，树龄500年，古树等级为一级，树高6米，胸围210厘米，冠幅东西7米、南北5米，生长势正常，生长环境中等，保护现状为封堵树洞、砌树池。树的几个较粗的枝干有折断痕迹，从痕迹看属于历史旧痕，在折断的粗枝上滋生出一些较细的枝干，依然生长茂盛。

曲周县前衙村是一个拥有悠久历史的古老村庄，原名南衙村。据民国22年《曲周县志》记载："北宋年间习惯称开封府官署为南衙，包拯曾任开封府知府，他在各地所设行署也常称之为南衙，包拯任河北都转运使时，曾在曲周设过行署，该行署故名南衙。"

有人说是当年包大人在南衙办公时栽下一棵槐树，后因各种原因槐树被破坏衰亡，后人为了纪念，在原址上又栽了一棵。也有传说是当年从山西大槐树迁民至此后，出于对家乡的思念而栽。究竟现在这棵大槐树到底是何时所栽，因何而栽，还需要具体考证。但不可否认的是这棵大槐树，已经在前衙村的村民心中成了一个精神寄托，村民在树旁垒起了小庙，在树上挂起了红绸，祈望这棵见证了历史沧桑的古槐树，能够庇佑前衙村幸福平安。

马兰侧柏

位于南里岳乡马兰村东南,树高10米,胸围120厘米,冠幅7米×7米,树龄400年,属二级保护古树。此树生长地为方家坟地,此方家后代迁居至曲周县安寨镇西马连固村多年,已有几代人的历史。该树生长环境较差。

庞寨槐树

　　位于侯村镇庞寨村农户王保新家中，树高10米，胸围510厘米，冠幅15米×13米，树龄850年，属一级保护古树。由于该古树树龄较大，树干多年来遭受风雨侵蚀，树干中部有一巨大树洞，可容3个成年人进入。

　　据村民介绍，此树大约始植于宋元时期，默默守护村庄数百年。抗日战争期间，树冠曾高30余米，枝繁叶茂，未进村便能远远观其高耸之姿，是远近闻名的护村"神树"。1943年日寇在庞寨村进行大扫荡时，有一八路军战士从芦苇荡中悄悄逃出后躲入古槐树洞中，从而躲过一劫。群众纷纷讲，是老槐树显灵，才救下了八路军战士。

　　"破四旧"时期，古槐树被作为旧事物的代表，被要求连根铲除，村民自发成立护树小队，日夜守护在其旁。受当时政治气氛影响，最终不得已锯掉古槐树所有的树冠，仅留下4米左右高光秃秃的主干和几个枝杈。

　　40多年过去了，当年饱经磨难的古槐树抽出的新枝，如今已经长成粗壮的枝干，绿意盎然，焕发着勃勃生机。在庞寨人心中，只要老槐树在，就没有爬不过去的山，就没有迈不过去的坎，困难总能解决。历经数百年的风雨沧桑，几经挫折磨难的古槐树依然充分展示了庞寨人不屈不挠、艰苦创业、团结奋斗、坚毅刚强和蒸蒸日上的拼搏精神。老槐树作为庞寨村村民的精神象征，其代表的坚定不屈的信念早已深入人心，流淌于村民的血液骨髓中，代代相承。

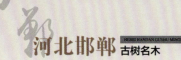

宋庄柘树

位于依庄乡宋庄村西村口路北坑塘旁，树高10米，胸围115厘米，冠幅东西8米、南北7米，树龄300年，属二级保护古树。柘树为桑科柘属植物，当地俗名桑椹，生长势较弱，生长环境中等，现已砌树池进行保护。

武安市

WUANSHI

统　稿	吴新生		
摄　影	赵占民	杨红霞	高旭昭	张　军
	李庆生	国建国	任庆芳	曹永明
	郭维立	武德昌		
文　字	赵占民		

武安市位于河北省南部，太行山东麓，土地总面积1806平方千米，是著名的地方戏曲之乡、古代冶炼之乡、中国小米之乡，有"冀南宝地"、"太行明珠"之称。武安历史悠久，距今约一万多年的"磁山文化"发源于此，是中华民族文明发祥地之一。武安春秋属晋，战国归赵，赫赫有名的苏秦、李牧、白起都曾被封为"武安君"，西汉初置县，有2200多年的建县史，1988年撤县建市。武安文化底蕴深厚，名胜古迹俯拾皆是，现存文物古迹2020处。武安旅游资源独特，拥有东太行、七步沟、京娘湖、朝阳沟、长寿村、东山文化博艺园等国家级景区，还有晋冀鲁豫中央局旧址、军区司令部、边区政府、人民日报社旧址等大量红色旅游资源。

武安市森林资源丰富，林木种类繁多。现已登记古树1367棵（散生396株、群生971株）其中一级古树39株、二级古树127株、三级古树1201株。武安古树以槐树、侧柏、黄连木、皂荚、杨、柳等树种为主，涉及12科、20属、27种。

荒庄栓皮栎

位于管陶乡荒庄村，保护级别二级，属荒庄村村民委员会集体所有。海拔1155米，树龄300年，树高19.5米，地围446厘米，冠幅29米，长势正常。

梁沟漆树

位于管陶乡梁沟村，保护级别二级，属梁沟村村民委员会集体所有。位于村西沟老坟地，海拔1167米，树龄300年，树高9.7米，胸围423厘米，冠幅16米，长势衰弱。树干粗壮沧桑，刀痕累累，枝干弯曲，枝叶稀疏，历史上年产漆几十斤。在全国第四次中药资源普查中，此树被认为是全国目前发现的最大的漆树。

梁沟油松

位于管陶乡梁沟村，保护级别二级，梁沟村村民委员会集体所有。海拔1092米，树龄300年，树高12.3米，胸围217厘米，冠幅8米，长势正常。

马店头侧柏

2株，位于活水乡马店头村原小学院内（原白云寺），保护级别二级，马店头村村民委员会集体所有。海拔689米，树龄350年，树高分别为17米、16米，胸围分别为210厘米、166厘米，冠幅分别为5米、6米，长势衰弱。

水磨头槐树

位于管陶乡水磨头村,保护级别一级,水磨头村村民委员会集体所有。海拔550米,树龄670年,树高22.7米,胸围630厘米,冠幅21米,长势衰弱。村民将此树视为神树,常在树下烧香许愿,祈祷幸福安康。相传十多年前有一外地人专程来拜树求财,几年后脱贫致富,故在树下修建一小庙用于拜谢树神槐仙。

马店头槐树

位于活水乡马店头村,保护级别二级,马店头村村民委员会集体所有。海拔712米,树龄300年,树高25米,胸围398厘米,冠幅20米,长势正常。

台上槐树

位于活水乡台上村，保护级别二级，台上村村民委员会集体所有。海拔683米，树龄400年，树高22米，胸围440厘米，冠幅27米，长势正常。

大屯槐树

位于活水乡大屯村,保护级别一级,大屯村村民委员会集体所有。海拔780米,树龄500年,树高16.3米,胸围450厘米,冠幅20米,长势衰弱。

常王庄槐树

位于活水乡常王庄村关帝庙前，保护级别一级，常王庄村村民委员会集体所有。海拔655米，树龄700年，树高16米，胸围570厘米，冠幅13米，长势衰弱。粗大的树干中形成了一个空洞，从树洞中长出一棵小油松。根据树干上嵌入的石碑记载，小油松树龄也有20年了，故称"槐抱松"。据村民所讲，古槐周围遍布民房，其几个大枝腐朽被大风吹落，却从未砸到民房。村民对此树也敬若神明。

石河湾侧柏

位于活水乡石河湾村，保护级别二级，石河湾村村民委员会集体所有。海拔563米，树龄400年，树高12米，胸围250厘米，冠幅9米，长势正常。此古柏生长在山坡的石缝之中，四周遍布荆条、酸枣等灌木，条件十分恶劣，但仍顽强生长，显示出强大的生命力。

陈家坪侧柏

位于活水乡陈家坪村,保护级别二级,陈家坪村村民委员会集体所有。海拔608米,树龄400年,树高14米,胸围258厘米,冠幅8米,长势正常。

井峪大果榉（一）

位于活水乡井峪村，保护级别一级，井峪村村民委员会集体所有。海拔612米，树龄550年，树高8米，胸围400厘米，冠幅14米，长势衰弱。

井峪大果榉（二）

位于活水乡井峪村，保护级别一级，井峪村村民委员会集体所有。海拔627米，树龄700年，树高15米，胸围500厘米，冠幅4米，长势濒危。多年前因雷击着火，大部分枝干被烧毁，后从裂开的树干中长出一棵椿树，当地称之为"榆抱椿"。

井峪黄连木

位于活水乡井峪村,保护级别一级,井峪村村民委员会集体所有。海拔650米,树龄550年,树高14米,胸围420厘米,冠幅16米,长势衰弱。有村民讲,传说原来树下住着一位狐仙,后人因此在古树旁建胡大仙庙,据说十分灵验。

牛心山油松

位于活水乡牛心山村,保护级别二级,牛心山村村民委员会集体所有。海拔917米,树龄300年,树高11.5米,胸围210厘米,冠幅10米,长势濒危。

牛心山栓皮栎

位于活水乡牛心山村，保护级别二级，牛心山村村民委员会集体所有。海拔906米，树龄300年，树高11.5米，胸围325厘米，冠幅12米，长势正常。

长寿栓皮栎

位于活水乡长寿村,保护级别三级,长寿村村民委员会集体所有。海拔1144米,树龄160年,树高14.5米,胸围279厘米,冠幅17米,长势正常。此树盘根错节,屹立于常年风化的山石之上,树根裸露,根梢抓住地下岩石,根节同"龙身",根梢同"龙"爪,故称"龙盘树"。又相传,有一年村前路过一队人马,时值正午,人困马乏,一人酣眠树下。村民发现,一条小蛇穿梭于此人眼口耳鼻。村民将所见告知长者,长者曰:"蛇串七窍,是谓'龙气',必为天子。"相隔一年,消息传来赵匡胤登基。村民想起,之前正是赵匡胤千里送京娘途经此地。"龙盘树"亦由此得来。

上店槐树

位于活水乡上店村，保护级别一级，上店村村民委员会集体所有。海拔877米，树龄700年，树高10.5米，胸围580厘米，冠幅13米，长势衰弱。

杨屯槐树

位于邑城镇杨屯村,保护级别二级,杨屯村村民委员集体所有。海拔102米,树龄400年,树高9.5米,胸围345厘米,冠幅10米,长势衰弱。

东阳苑槐树

位于邑城镇东阳苑村,保护级别二级,东阳苑村村民委员会集体所有。海拔150米,树龄350年,树高12.7米,胸围290厘米,冠幅20米,长势衰弱。

赵店槐树

位于邑城镇赵店村,保护级别一级,赵店村村民委员会集体所有。海拔127米,树龄500年,树高13.1米,胸围400厘米,冠幅12米,长势衰弱。

紫罗侧柏

位于邑城镇紫罗村,保护级别三级,个人所有。海拔186米,树龄200年,树高9.5米,胸围192厘米,冠幅8米,长势衰弱。

野河槐树

位于淑村镇野河村,保护级别二级,野河村村民委员会集体所有。海拔252米,树龄450年,树高17.5米,胸围440厘米,冠幅19米,长势正常。

北大社槐树

位于淑村镇北大社村,保护级别二级,北大社村村民委员会集体所有。海拔250米,树龄336年,树高20米,胸围288厘米,冠幅16米,长势正常。

西淑槐树

位于淑村镇西淑村，保护级别一级，西淑村村民委员会所有。海拔225米，树龄600年，树高23.5米，胸围490厘米，冠幅19米，长势衰弱。

下流泉槐树

位于淑村镇下流泉村,保护级别二级,下流泉村村民委员会所有。海拔216米,树龄300年,树高8.7米,胸围280厘米,冠幅8米,长势濒危。

北丛井槐树

位于阳邑镇北丛井村,保护级别二级,北丛井村村民委员会集体所有。海拔496米,树龄400年,树高16米,胸围360厘米,冠幅9米,长势正常。

柳河槐树

位于阳邑镇柳河村，保护级别一级，柳河村村民委员会集体所有。海拔546米，树龄500年，树高13.2米，胸围422厘米，冠幅9米，长势衰弱。

史二庄榲桲

　　位于石洞乡史二庄村，保护级别一级，史二庄村村民委员会集体所有。海拔455米，树高12.3米，胸围252厘米，冠幅10米，长势正常。此树长在史二庄村的一座古寺——圣水寺内，据史料记载此寺建于明朝1468年。寺内水井旁生长着这棵古木梨树，经测量其年轮，树龄为600多年。此树所结果实呈梨形，成熟后为金黄色，果味清香。此树学名榲桲，俗称木梨，蔷薇科榲桲属，榲桲属仅榲桲一种，是古老珍奇稀少的果树之一。传说圣水寺方丈原是明太祖朱元璋的师弟，朱元璋登基后来此隐居修行，后来方丈去看望师兄朱元璋时带回来三件宝物：四面佛、玉如意和我们现在说的木梨树。四面佛和玉如意，在漫长沧桑的岁月中消失了，天佑宝刹，取而代之的是灵芝山上的灵芝、一眼圣泉和现在虽饱经沧桑但仍然生机盎然的木梨树。又有传说寺内井水曾救过行军打仗路经此地的朱元璋的性命，被封为"圣水"，故人称此井为"圣水井"，可谓"圣代即今多雨露，仙乡留此好源泉"。又有传说明末清初因战乱很多百姓逃难至此，饥病交加，寺中僧人以木梨熬水救济众人，竟逐渐痊愈。

泽布峧槐树

位于徘徊镇泽布峧村,保护级别二级,泽布峧村村民委员会集体所有。海拔379米,树龄400年,树高15.5米,胸围390厘米,冠幅15米,长势衰弱。

念头槐树

位于磁山镇念头村,保护级别二级,念头村村民委员会集体所有。海拔250米,树龄350年,树高8.6米,胸围340厘米,冠幅14米,长势濒危。

下洛阳皂荚

位于磁山镇下洛阳村,保护级别二级,下洛阳村村民委员会集体所有。海拔235米,树龄300年,树高15.5米,胸围304厘米,冠幅17米,长势正常。

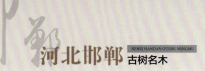

磁山二街槐树

位于磁山镇磁山二街村，保护级别一级，磁山二街村村民委员会集体所有。海拔250米，树龄700年，树高8.5米，胸围340厘米，冠幅14米。树干干枯，只剩半个，长势衰弱。有传说是当地先民从山西洪洞县移民至此栽植。

WUANSHI 武安市

花富槐树（一）

位于磁山镇花富村，保护级别二级，花富村村民委员会集体所有。海拔268米，树龄400年，树高8米，胸围348厘米，冠幅7米。除南侧枝外其他均死亡，长势濒危。

花富槐树（二）

位于磁山镇花富村，保护级别二级，花富村村民委员会集体所有。海拔298米，树龄300年，树高6.2米，胸围285厘米，冠幅12米。大部分枯死，长势濒危。

西孔壁槐树

位于磁山镇西孔壁村，保护级别二级，西孔壁村村民委员会集体所有。海拔282米，树龄350年，树高8.5米，胸围314厘米，冠幅15米，长势衰弱。

下洛阳槐树

　　位于磁山镇下洛阳村，保护级别二级，下洛阳村村民委员会集体所有。海拔226米，树龄400年，树高13.5米，胸围360厘米，冠幅16米，长势衰弱。

大水酸枣

位于马家庄乡大水村,保护级别一级,大水村村民委员会集体所有。海拔470米,树龄500年,树高3米,胸围180厘米,冠幅4米,长势濒危。

大汶岭大果榉

位于马家庄乡大汶岭村，保护级别一级，大汶岭村村民委员会集体所有。海拔514米，树龄700年，树高9.3米，胸围530厘米，冠幅8米，长势濒危。树干和主枝大部分干枯，树皮基本脱落，只剩下东边小半圈，据村干部讲近年来又逐渐生长有重新包裹树干的趋势。当地传说1949年前大树对面山后的蟒当村有一个老财主，是本地的首富。家中有一口特别大的水缸，一日水缸的水面上突然映出这棵大树的身影，令人百思不得其解。

胜利街槐树

位于伯延镇胜利街村，保护级别一级，胜利街村村民委员会集体所有。海拔245米，树龄600年，树高12.1米，地围413厘米，冠幅13米，长势衰弱。1991年曾被大风刮倒，原来的主干死亡，扶起后从根部长出的新枝，现已长成大树。

玉泉岭槐树

位于午汲镇玉泉岭村,保护级别二级,玉泉岭村村民委员会集体所有。海拔283米,树龄400年,树高11.7米,胸围387厘米,冠幅15米。保存基本完好,长势衰弱。

西张璨槐树

位于午汲镇西张璨村,保护级别二级,西张璨村村民个人所有。海拔268米,树龄300年,树高9.8米,胸围315厘米,冠幅15米。保存基本完好,长势衰弱。

午汲槐树（一）

位于午汲镇午汲村，保护级别二级，午汲村村民委员会集体所有。海拔209米，树龄310年，树高14.9米，胸围270厘米，冠幅17米。保存基本完好，长势正常。

午汲槐树（二）

位于午汲镇午汲村，保护级别二级，午汲村村民委员会集体所有。海拔196米，树龄400年，树高14.7米，胸围328厘米，冠幅13米。保存基本完好，长势濒危。

行考槐树

位于午汲镇行考村,保护级别二级,行考村村民委员会集体所有。海拔204米,树龄380年,树高12.5米,胸围335厘米,冠幅13米。保存基本完好,长势衰弱。

行考桑树

位于午汲镇行考村,保护级别二级,行考村村民委员会集体所有。海拔215米,树龄300年,树高10.6米,胸围420厘米,冠幅12米。保存基本完好,长势衰弱。

均河槐树

位于午汲镇均河村,保护级别二级,均河村村民委员会集体所有。海拔184米,树龄350年,树高16米,胸围306厘米,冠幅18米。保存基本完好,长势衰弱。

下泉槐树

位于午汲镇下泉村,保护级别一级,下泉村村民委员会集体所有。海拔236米,树龄500年,树高10.5米,胸围450厘米,冠幅15米。保存基本完好,长势濒危。

贾庄槐树

位于午汲镇贾庄村,保护级别二级,贾庄村村民委员会集体所有。海拔233.5米,树龄300年,树高14米,胸围295厘米,冠幅10米。保存基本完好,长势濒危。

下白石槐树

位于午汲镇下白石村,保护级别二级,下白石村村民委员会集体所有。海拔241米,树龄400年,树高9米,胸围352厘米,冠幅13米。保存基本完好,长势濒危。

南白石槐树

位于午汲镇南白石村,保护级别二级,南白石村村民委员会集体所有。海拔238米,树龄400年,树高7.1米,胸围350厘米,冠幅10米。保存基本完好,长势濒危。

南文章槐树

位于伯延镇南文章村,保护级别二级,南文章村村民委员会集体所有。海拔228米,树龄350年,树高16.6米,胸围315厘米,冠幅18米,长势正常。

杨二庄侧柏

　　2株，位于伯延镇杨二庄村，保护等级分别为二级、三级，杨二庄村村民委员会集体所有。海拔288米，树龄分别为321年、285年，树高分别为11.5米、11米，胸围分别为185厘米、175厘米，冠幅分别为7米、8米，长势正常。

下团城槐树

位于上团城乡下团城村，保护级别二级，下团城村村民委员会集体所有。海拔316米，树龄450年，树高10.6米，胸围385厘米，冠幅19米，长势正常。

贾家庄槐树

位于北安乐乡贾家庄村，保护级别二级，贾家庄村村民委员会集体所有。海拔136米，树龄300年，树高11.5米，地围370厘米，冠幅16米，长势衰弱。从一棵树的根部分别长成4棵大树，当地称"一母四子"。

西寺庄槐树（一）

位于西寺庄乡西寺庄村，保护级别二级，西寺庄村村民委员会集体所有。海拔346米，树龄400年，树高10.5米，胸围327厘米，冠幅15米，长势衰弱。

西寺庄槐树（二）

位于西寺庄乡西寺庄村，保护级别二级，西寺庄村村民委员会集体所有。海拔341米，树龄400年，树高17.2米，胸围340厘米，冠幅20米，长势衰弱。

西寺庄毛白杨

　　2棵，位于西寺庄乡西寺庄村，保护级别三级，西寺庄村村民委员会集体所有。海拔358.7米，树龄247年，树高分别为32.6米和27.5米，胸围分别为390厘米和420厘米，冠幅分别为16米和18米，长势衰弱。传说古杨树为建水池时所栽。石碑记载，水池为乾隆三十六年（1771）所建，据此推测古杨树已有247年。古杨高大挺拔、古朴沧桑。

东高壁槐树

位于西寺庄乡东高壁村，保护级别二级，东高壁村村民委员会集体所有。海拔367米，树龄300年，树高12.5米，胸围271厘米，冠幅14米，长势衰弱。

南新庄槐树

位于康二城镇南新庄村,保护级别二级,南新庄村村民委员会集体所有。海拔175米,树龄300年,树高12.5米,胸围275厘米,冠幅14米,长势衰弱。

后临河槲栎

位于贺进镇后临河村,保护级别一级,后临河村村民委员会集体所有。海拔1216米,树龄500年,树高9.8米,胸围330厘米,冠幅15米,长势衰弱。据当地群众说此树十分神奇,在树下修山神庙一座,十分灵验。据说有一牧羊人在此放羊,中午在山上睡着了,一觉醒来找不到羊了,在树下庙里祈祷许愿后,第二天羊又在原地出现了。

苏庄槐树

位于贺进镇苏庄村，保护级别一级，苏庄村村民委员会集体所有。海拔476米，树龄500年，树高10.5米，胸围442厘米，冠幅16米，长势衰弱。

西洼槐树

位于贺进镇西洼村,保护级别二级,西洼村村民委员会集体所有。海拔490米,树龄450年,树高10米,胸围450厘米,冠幅15米,长势正常。

贺进南街槐树

位于贺进镇贺进南街村，保护级别二级，贺进南街村村民委员会集体所有。海拔426米，树龄350年，树高14.5米，胸围305厘米，冠幅14米，长势衰弱。

贺进东街槐树

位于贺进镇贺进东街村，保护级别二级，贺进东街村村民委员会集体所有。海拔424米，树龄300年，树高12.3米，胸围280厘米，冠幅12米，长势濒危。

贺进西街槐树

位于贺进镇贺进西街村，保护级别二级，贺进西街村村民委员会集体所有。海拔424米，树龄400年，树高15米，胸围350厘米，冠幅16米，长势衰弱。

李石门侧柏

位于矿山镇李石门村,保护级别一级,李石门村村民委员会集体所有。海拔224米,树龄800年,树高11.5米,胸围278厘米,冠幅8米,长势正常。

五湖圆柏

位于工业园区五湖村，保护级别一级，五湖村村民委员会集体所有。海拔166米，树龄750年，树高8.5米，胸围380厘米，冠幅11米，长势正常。据五湖村志记载，此地原址叫园果寺，建于元朝（1260），这棵槐树在建寺竣工的次年栽植于此地，距今约750年。据传说原来这里是两棵柏树，一高一矮貌似兄弟，长在寺院大殿门前右侧2米处，树干笔直。树的主人是相依为命的弟兄两人（护寺人）。元朝末年，由于寺院香火不盛加上连年大旱，弟兄二人难于维持生活，因为家里小事闹别扭，要分家各起炉灶，准备砍掉这两棵柏树各自打家具用，然后弃寺各奔东西。当他们第二天早晨起来砍树时，却发现两棵柏树一夜之间奇迹般地扭在了一起，见此情景，弟兄二人很是惊讶，再不敢提分家之事，从此又和睦相处，兢兢业业，各司其职。在这个典故中，这棵古柏不仅仅是一棵树，它成为人们团结友爱、拼搏向上的精神化身。

曹公泉槐树

位于工业园区曹公泉村,保护级别二级,曹公泉村村民委员会集体所有。海拔181米,树龄400年,树高15.8米,胸围350厘米,冠幅12米,长势濒危。

总工会侧柏群

位于武安市总工会院内，共有古柏8棵，树龄分别为900年3株，500年3株，300年1株，200年1株，海拔200米，平均树高9.1米，平均胸围228.1厘米，长势普遍衰弱。据文物管理部门考证，最大的几株为宋金时期所栽，树龄880年以上，为当时建文庙时的附属物。如今文庙已不在了，只存古柏记录着当年的历史。

前仙灵栗树群

位于活水乡前仙灵村大小磨闯，共有古栗树71棵，海拔658~752米。平均树龄380年左右，平均树高9.5米，平均胸围354厘米，长势普遍衰弱。其中的"板栗王"生长在大磨闯前部沟谷古板栗群中，传说树龄1000年以上。树干和主枝已腐空，并遭多次火烧，由于山洪淤积，主干大部分埋入地下。传说道教创始人张三丰，在北武当山修炼期间，曾在古板栗群中休息和捡食板栗果实。

上站侧柏群

　　位于管陶乡上站村柏树岭，生长在上站村西石崖边，共有古柏5棵，海拔538~558米。平均树龄400年左右，平均树高7.6米，平均胸（地）围212厘米，长势衰弱。其中最大的一棵地围400~500厘米，树龄在千年以上。

冀南新区

JINANXINQU

统　稿　程学峰
摄　影　杜常青　郭东海　梁广文　柴　莉
文　字　马天丽　张思敏

邯郸冀南新区位于邯郸市主城区南部，是河北省政府继曹妃甸新区、渤海新区之后批准设立的第三个战略发展新区。冀南新区地势西高东低，地貌既有丘陵又有平原，土地总面积366平方千米，托管9个乡镇（办事处），139个行政村（社区），人口31万。邯郸冀南新区主要包括『一区两港』，内有『五纵五横』的交通路网。冀南新区依托燕赵文化和曹魏文化，有着深厚的文化底蕴和历史遗存，保留了众多的古树名木，成为绿美新区的一道靓丽风景线。

全区共登记古树64株，其中一级古树12株，二级古树15株，三级古树37株，树种主要有槐树、侧柏、皂荚等。

王庄槐树

位于城南办事处王庄村,树高10米,胸围180厘米,冠幅平均7.5米,树龄300年,保护等级二级。

杜村槐树

位于城南办事处杜村，树高7米，胸围325厘米，冠幅平均6.5米，树龄700年，保护等级一级。

李家岗槐树

位于光禄镇李家岗村,树高8.5米,胸围362厘米,冠幅平均15.4米,树龄1000年,保护等级一级。

曲沟槐树

位于光禄镇曲沟村，树高10.2米，胸围225厘米，冠幅平均8米，树龄300年，保护等级二级。

尧丰皂荚

位于光禄镇尧丰村，树高13.2米，胸围210厘米，冠幅平均12米，树龄300年，保护等级二级。

溢泉皂荚

位于光禄镇溢泉村，树高12米，无主干，冠幅平均12米，树龄400年，保护等级二级。

北左良槐树

位于花官营乡北左良村，树高10米，胸围241厘米，冠幅平均8米，树龄1000年，保护等级一级。

屯庄杜梨

3株，位于花官营乡屯庄村，树高10~12米，胸围135~200厘米，冠幅平均6~14米，树龄400年，保护等级二级。

桑庄侧柏

位于林坛镇桑庄村,树高11米,胸围196厘米,冠幅平均9米,树龄500年,保护等级一级。

东野狸岗槐树

位于林坛镇东野狸岗村,树高9.5米,胸围130厘米,冠幅平均9.5米,树龄300年,保护等级二级。

林坛槐树

位于林坛镇林坛村，树高15米，胸围130厘米，冠幅平均11米，树龄500年，保护等级一级。

刘庄皂荚

位于马头镇刘庄村，树高9.8米，胸围137厘米，冠幅平均11.5米，树龄400年，保护等级二级。

桥东街槐树

位于马头镇桥东街村，树高10.4米，胸围190厘米，冠幅平均7.5米，估测树龄300年，保护等级二级。

上西街槐树

位于马头镇上西街村,树高10.3米,胸围327厘米,冠幅平均13.5米,树龄500年,保护等级一级。

武氏祠堂古槐

　　武氏原居大名，因北方十年九旱，不毛之地，粮食不足全家人消费，将要乞讨，先祖迁居原磁县，现成安县黄龙村。几代人多年实干，在黄龙村也只能解决温饱，富不起来。古代马头是物资集散中心，农历逢双日是集市日，居住黄龙村的武氏先人经常到马头赶集，发现大街店铺林立，市面繁荣，兴旺热闹，滏阳河川流不息，百舟争渡，觉得马头是个能挣钱的好地方，于是在明朝成化年间（1482）迁居马头，置地、建房、栽树，现在古槐树龄已536年，仍枝繁叶茂。

　　1937年卢沟桥事变，日军侵略华北，九月份到邯郸马头，实施"杀光、抢光、烧光"的三光政策。日本兵到马头进入武家胡同，想进武家大院，前大院东屋是楼房，南边也是楼房，怕有埋伏不敢进去，走到后大院里一看过道很长，院内有棵大槐树，日本兵也知道古槐成仙，怕进院闯祸招灾，也不敢进院。就往院内扔手榴弹，扔了一枚不响，接着又扔了好几枚，还是不响，日本兵害怕了，赶紧跑出武家胡同。

李西街槐树

位于马头镇李西街村,树高5.4米,胸围314厘米,冠幅平均7.5米,树龄300年,保护等级二级。

刘庄皂荚

位于马头镇刘庄村，树高11.5米，胸围235厘米，冠幅平均12.5米，树龄400年，保护等级二级。

前羌槐树

位于南城乡前羌村，树高8.3米，胸围167厘米，冠幅平均10.5米，树龄400年，保护等级二级。

东陆开槐树

位于南城乡东陆开村，树高8.5米，胸围202厘米，冠幅平均10米，树龄500年，保护等级一级。

JINANXINQU 冀南新区

孟洼槐树

位于南城乡孟洼村，树高8米，胸围120厘米，冠幅平均6米，树龄400年，保护等级二级。

347

白村槐树（一）

位于台城乡白村，树高7.5米，胸围280厘米，冠幅平均7.5米，树龄500年，保护等级一级。

白村槐树（二）

位于台城乡白村，树高5.5米，胸围280厘米，冠幅平均8.5米，树龄500年，保护等级一级。

赵拔庄槐树（一）

位于台城乡赵拔庄村，树高8米，胸围193厘米，冠幅平均8米，树龄300年，保护等级二级。

JINANXINQU 冀南新区

赵拔庄槐树（二）

位于台城乡赵拔庄村，树高13米，胸围236厘米，冠幅平均13.5米，树龄300年，保护等级二级。

赵拔庄皂荚

位于台城乡赵拔庄村，树高12米，胸围270厘米，冠幅平均14米，树龄1000年，保护等级一级。

西郝村槐树

位于台城乡西郝村,树高8.8米,胸围155厘米,冠幅平均8.5米,树龄400年,保护等级二级。

河北槐树

位于台城乡河北村，树高8.6米，胸围212厘米，冠幅平均9.5米，树龄700年，保护等级一级。

林峰槐树（一）

位于台城乡林峰村，树高8.8米，胸围158厘米，冠幅平均7.5米，树龄500年，保护等级一级。

林峰槐树（二）

位于台城乡林峰村，树高6米，胸围158厘米，冠幅平均8.5米，树龄500年，保护等级一级。

JINANXINQU 冀南新区

东郝村槐树

位于台城乡东郝村，树高7.5米，胸围193厘米，冠幅平均7米，树龄300年，保护等级二级。

白村槐树

位于台城乡白村，树高7.5米，胸围300厘米，冠幅平均9米，树龄500年，保护等级一级。

邯郸市古树名木名录

古树名木编号	中文名	拉丁名	树龄（年）	树高（米）	胸(地)围（厘米）	冠幅（米）	生长位置	备注
邯山区								
13040200001	皂荚	Gleditsia sinensis Lam.	150	15	245	18	北张庄镇二十里铺村	
13040200002	槐树	Sophora japonica Linn.	100	13.6	180	12	北张庄镇二十里铺村	
13040200003	槐树	Sophora japonica Linn.	300	7.6	180	10	北张庄镇大隐豹村	
13040200004	槐树	Sophora japonica Linn.	700	12.1	405	19	北张庄镇大隐豹村	
13040200005	槐树	Sophora japonica Linn.	350	10.6	190	12	北张庄镇北羊井村	
13040200006	杜梨	Pyrus betulifolia Bunge	120	7.6	104	9	北张庄镇南羊井村	
13040200007	槐树	Sophora japonica Linn.	120	13.6	170	12	北张庄镇南羊井村	
13040200008	槐树	Sophora japonica Linn.	300	9.6	190	10	北张庄镇西孙庄村	
13040200009	皂荚	Gleditsia sinensis Lam.	140	16.6	280	22	河沙镇王东堡村	
13040200010	杜梨	Pyrus betulifolia Bunge	600	11.6	750	15	河沙镇小堤村	
13040200016	槐树	Sophora japonica Linn.	200	15.6	220	14	马庄乡马庄村	
13040200017	槐树	Sophora japonica Linn.	600	13.6	365	19	马庄乡三堤村	
13040200018	皂荚	Gleditsia sinensis Lam.	200	11.6	260	13	南召乡东小屯村	
13040200019	槐树	Sophora japonica Linn.	400	9.6	255	9	南召乡东小屯村	
13040200020	皂荚	Gleditsia sinensis Lam.	200	11.6	150	16	代召乡东张策村	
13040200021	槐树	Sophora japonica Linn.	300	9.6	190	10	南堡乡陈上宋村	
13040200022	杜梨	Pyrus betulifolia Bunge	200	11.6	200	10	南堡乡西城子村	
13040200023	黄榆	Ulmus macrocarpa Hance.	100	11.6	150	11	南堡乡东城子村	
13040200024	杜梨	Pyrus betulifolia Bunge	200	8.6	290	6	南堡乡西留庄村	
13040200025	杜梨	Pyrus betulifolia Bunge	200	11.6	190	11	南堡乡北泊村	
13040200026	杜梨	Pyrus betulifolia Bunge	150	12.6	190	14	南堡乡李南留村	
13040200027	槐树	Sophora japonica Linn.	300	6.6	220	5	南堡乡西上宋前村	
13040200028	槐树	Sophora japonica Linn.	300	8.6	170	7	南堡乡西上宋前村	
13040200029	毛白杨	Populus tomentosa Carr.	100	16.6	290	15	南堡乡西刘张庄村	
13040200030	枣树	Ziziphus jujuba Mill.	300	6.6	135	5	南堡乡刘王庄村	
13040200031	杜梨	Pyrus betulifolia Bunge	200	13.6	150	11	南堡乡孙庄村	

古树名木编号	中文名	拉丁名	树龄（年）	树高（米）	胸(地)围（厘米）	冠幅（米）	生长位置	备注
13040200032	杜梨	Pyrus betulifolia Bunge	100	13.6	135	7	南堡乡刘巩庄村	
13040200033	皂荚	Gleditsia sinensis Lam.	200	13.6	250	14	南堡乡中堡村	
13040200034	沙兰杨	Populus × canadensis Moench 'Sacrau 79'	200	26.6	330	20	马庄乡小北堡村	
13040200035	槐树	Sophora japonica Linn.	150	7.6	120	9	马庄乡罗城头村	
13040200036	槐树	Sophora japonica Linn.	600	13.6	210	9	马庄乡三堤村	
13040200037	槐树	Sophora japonica Linn.	300	10.6	130	13	马庄乡北街村	
13040200038	槐树	Sophora japonica Linn.	450	7.6	150	11	马庄乡北街村	
13040200039	杜梨	Pyrus betulifolia Bunge	200	11.6	160	10	马庄乡北街村	
13040200040	槐树	Sophora japonica Linn.	500	11.6	200	16	马庄乡西街村	
Q13040200001	枣树	Ziziphus jujuba Mill.	600	11	147		河沙镇小堤村	群 279 株

丛台区

古树名木编号	中文名	拉丁名	树龄（年）	树高（米）	胸(地)围（厘米）	冠幅（米）	生长位置	备注
13040300001	槐树	Sophora japonica Linn.	200	10	200	15×13	苏曹乡五里铺村	
13040300002	槐树	Sophora japonica Linn.	400	15	300	18×10	丛西街道学步桥	
13040300003	槐树	Sophora japonica Linn.	473	8.75	325	11.5×11.5	丛西街道丛台公园	
13040300004	槐树	Sophora japonica Linn.	150	15	300	25×20	中华街道城东街	
13040300005	槐树	Sophora japonica Linn.	400	12	220	13×12	中华街道回车巷	
13040300006	槐树	Sophora japonica Linn.	150	10	200	10×7	丛西街道清真寺	
13040300007	槐树	Sophora japonica Linn.	100	8	264	13×13	四季青街道安富前街	
13040300008	槐树	Sophora japonica Linn.	350	6	138	8×12	三陵乡北高峒村西小街道北	
13040300009	槐树	Sophora japonica Linn.	400	10	158	8×11	三陵乡北高峒村西小街道南	
13040300010	槐树	Sophora japonica Linn.	450	6	163	7×7	三陵乡北高峒村民委员会东	
13040300011	槐树	Sophora japonica Linn.	100	6.5	190	6×8	中华街道回车巷	
13040300012	槐树	Sophora japonica Linn.	100	10	230	10×8	三陵乡曹庄村民委员会西	
13040300013	槐树	Sophora japonica Linn.	600	8	247	8×9	三陵乡姜窑村民委员会西南	
13040300014	槐树	Sophora japonica Linn.	100	7	200	7×8	三陵乡姜窑村民委员会西南	
13040300015	侧柏	Platycladus orientalis (L.) Franco	200	6	100	6×5	三陵乡周窑村	
13040300016	毛白杨	Populus tomentosa Carr.	120	13	180	5×5	三陵乡工程村西北	
13040300017	槐树	Sophora japonica Linn.	500	10	268	10×9	三陵乡郭窑村中	
13040300018	槐树	Sophora japonica Linn.	300	5	276	7×7	三陵乡西陶庄村东南	
13040300019	槐树	Sophora japonica Linn.	500	10	252	20×25	三陵乡后郭庄村	
13040300020	毛白杨	Populus tomentosa Carr.	100	12	263	15×20	三陵乡张三陵村	
13040300021	侧柏	Platycladus orientalis (L.) Franco	400	13	190	11×10	三陵乡姜三陵村向阳路	

古树名木编号	中文名	拉丁名	树龄（年）	树高（米）	胸(地)围（厘米）	冠幅（米）	生长位置	备注
13040300022	侧柏	Platycladus orientalis (L.) Franco	400	7	138	6×8	三陵乡姜三陵向阳路	
13040300023	毛白杨	Populus tomentosa Carr.	100	26	235	11×14	三陵乡陈三陵村	
13040300024	槐树	Sophora japonica Linn.	100	7	210	5×6	三陵乡李三陵村	
13040300025	槐树	Sophora japonica Linn.	100	8	170	7×8	黄梁梦黄梁梦村村民委员会院内	
13040300026	侧柏	Platycladus orientalis (L.) Franco	500	8	170	4×8	黄梁梦镇黄梁梦吕仙祠	
13040300027	侧柏	Platycladus orientalis (L.) Franco	500	9	140	7×8	黄梁梦镇黄梁梦吕仙祠	
13040300028	槐树	Sophora japonica Linn.	400	7	233	10×8	黄梁梦镇十五里铺村	
13040300029	槐树	Sophora japonica Linn.	500	7	335	10×8	黄梁梦镇苏里村张昌红家	
13040300030	槐树	Sophora japonica Linn.	120	5	148	8×7	黄梁梦镇苏里村张昌魁家	
13040300031	槐树	Sophora japonica Linn.	180	8	143	8×8	黄梁梦镇苏里村李德印家	
13040300032	槐树	Sophora japonica Linn.	200	7	175	7×7	黄梁梦镇袁庄李仁杰家	
13040300033	槐树	Sophora japonica Linn.	550	8	390	8×7	黄梁梦镇袁庄袁丛禄家	
13040300034	槐树	Sophora japonica Linn.	300	12	238	10×12	黄梁梦镇东三家村	
13040300035	槐树	Sophora japonica Linn.	200	10	210	12×18	兼庄乡王安堡后田地	
13040300036	槐树	Sophora japonica Linn.	300	10	235	8×9	兼庄乡王安堡王盘森家	
13040300037	槐树	Sophora japonica Linn.	300	8	200	12×8	兼庄乡王安堡王信家	
13040300038	槐树	Sophora japonica Linn.	300	8.5	130	10×8	三陵乡前郭庄村	
13040300039	槐树	Sophora japonica Linn.	100	8	306	15×15	四季青街道安庄后街	
13040300040	槐树	Sophora japonica Linn.	313	11.4	282	20.15×20.15	丛西街道处合公园动物园	

复兴区

古树名木编号	中文名	拉丁名	树龄（年）	树高（米）	胸(地)围（厘米）	冠幅（米）	生长位置	备注
13040400001	槐树	Sophora japonica Linn.	260	6.7	137	6×6	康庄乡康庄村	
13040400002	槐树	Sophora japonica Linn.	250	8	163	8×8	康庄乡康庄村河西，村民委员会南	
13040400003	槐树	Sophora japonica Linn.	600	13	295	14×14	康庄乡石坡村老村河边	
13040400004	槐树	Sophora japonica Linn.	200	14	200	13×15	康庄乡石坡店子老爷庙西	
13040400005	槐树	Sophora japonica Linn.	400	5	163	6×6	康庄乡姬庄村和尚坡	
13040400006	槐树	Sophora japonica Linn.	200	18	195	11×11	康庄乡南李庄村	
13040400007	槐树	Sophora japonica Linn.	200	10	167	11×12	康庄乡南李庄村	
13040400008	皂荚	Gleditsia sinensis Lam.	600	14	375	15×15	康庄乡西望庄村十字阁西	
13040400009	槐树	Sophora japonica Linn.	300	15	195	14×12	康庄乡西望庄村	
13040400010	槐树	Sophora japonica Linn.	200	8	170	8×7	康庄乡中庄村奶奶庙北	
13040400011	槐树	Sophora japonica Linn.	200	11	185	10×9	康庄乡中庄村胡家门中	
13040400012	槐树	Sophora japonica Linn.	300	10	183	11×13	康庄乡中庄村胡家门前	

古树名木编号	中文名	拉丁名	树龄（年）	树高（米）	胸(地)围（厘米）	冠幅（米）	生长位置	备注
13040400013	槐树	Sophora japonica Linn.	200	18	255	17×14	康庄乡前牛叫村街西	
13040400014	槐树	Sophora japonica Linn.	200	17	210	17×17	康庄乡前牛叫村	
13040400015	槐树	Sophora japonica Linn.	200	16	160	16×17	康庄乡南李庄	
13040400016	皂荚	Gleditsia sinensis Lam.	350	13	400	14×15	户村镇霍北村梅瓶桥旁	
13040400017	槐树	Sophora japonica Linn.	300	15	260	10×11	户村镇霍北村后店房房西	
13040400018	槐树	Sophora japonica Linn.	300	8	200	8×10	户村镇霍北村振德觉房后	
13040400019	槐树	Sophora japonica Linn.	300	15	230	12×14	户村镇霍北村振银堂门前	
13040400020	槐树	Sophora japonica Linn.	350	15	240	16×14	户村镇霍北村小阁里	
13040400021	槐树	Sophora japonica Linn.	450	9	240	10×14	户村镇霍北村古道北	
13040400022	槐树	Sophora japonica Linn.	400	15	230	17×17	户村镇霍北村振有祥院内	
13040400023	槐树	Sophora japonica Linn.	400	10	210	11×9	户村镇霍北村大庙院	
13040400024	槐树	Sophora japonica Linn.	350	12	200	16×16	户村镇霍北村裴兆其门前	
13040400025	槐树	Sophora japonica Linn.	350	15	170	10×14	户村镇霍北村裴兆年院内	
13040400026	槐树	Sophora japonica Linn.	400	12	340	12×14	户村镇酒务楼戏台旁	
13040400027	槐树	Sophora japonica Linn.	300	14	180	13×14	户村镇酒务楼原磨面房	
13040400028	槐树	Sophora japonica Linn.	300	10	320	14×11	户村镇酒务楼学校前	
13040400029	槐树	Sophora japonica Linn.	200	15	320	13×13	户村镇酒务楼学校后	
13040400030	槐树	Sophora japonica Linn.	400	20	250	18×14	户村镇酒务楼	
13040400031	槐树	Sophora japonica Linn.	260	5	140	7×8	户村镇涧沟村村民委员会北	
13040400032	槐树	Sophora japonica Linn.	300	10	240	11×16	户村镇林村谢有良家房后	
13040400033	槐树	Sophora japonica Linn.	200	8.5	225	12×10	户村镇林村贾延会家旁	
13040400034	侧柏	Platycladus orientalis (L.) Franco	400	18	160	14×10	户村镇户村龙王庙院内	
13040400035	槐树	Sophora japonica Linn.	800	14	220	17×15	户村镇康河村老村	
13040400036	槐树	Sophora japonica Linn.	800	15	300	13×13	户村镇康河村老村	
13040400037	槐树	Sophora japonica Linn.	150	15	150	12×15	户村镇康河村关帝庙院内	
13040400038	槐树	Sophora japonica Linn.	700	8	480	9×10	户村镇张岩嵛老村	
13040400039	槐树	Sophora japonica Linn.	500	6	260	5×5	西苑街道前郝村社区	
13040400040	槐树	Sophora japonica Linn.	100	10	142	6×11	西苑街道后郝村社区	
13040400041	槐树	Sophora japonica Linn.	200	11	220	9×10	西苑街道西邢台社区	
13040400042	槐树	Sophora japonica Linn.	450	8	320	9×11	彭家寨乡后百家社区人民路旁	
13040400043	槐树	Sophora japonica Linn.	120	25	200	20×26	西苑街道聂庄村	
13040400044	槐树	Sophora japonica Linn.	200	16	160	15×16	西苑街道聂庄村	

古树名木编号	中文名	拉丁名	树龄（年）	树高（米）	胸(地)围（厘米）	冠幅（米）	生长位置	备注
130404400045	臭椿	Ailanthus altissima (Mill.) Swingle	110	16	155	12×14	西苑街道后郝村社区	
130404400046	槐树	Sophora japonica Linn.	150	13	160	13×10	西苑街道后郝村社区	
130404400047	槐树	Sophora japonica Linn.	500	10	160	7×9	西苑街道西邢台社区	
峰峰矿区								
130406600001	槐树	Sophora japonica Linn.	450	12	300	19	滏阳东路街道办事处石桥村南	
130406600002	槐树	Sophora japonica Linn.	500	9	280	17	滏阳东路街道办事处黑龙洞村西	
130406600003	槐树	Sophora japonica Linn.	130	11	210	21	彭城镇滏阳路中段	
130406600004	槐树	Sophora japonica Linn.	150	14	210	17	彭城镇彭东新区院内	
130406600005	槐树	Sophora japonica Linn.	450	7.5	320	17	彭城镇国庆机械厂院内	
130406600006	槐树	Sophora japonica Linn.	210	12.5	160	14	彭城镇豆腐沟村南	
130406600007	槐树	Sophora japonica Linn.	210	7.5	150	11	滏阳东路街道办事处南响堂寺院内	
130406600008	槐树	Sophora japonica Linn.	150	9.8	135	10	滏阳东路街道办事处南响堂寺院内	名木
130406600009	槐树	Sophora japonica Linn.	410	9	230	13	峰峰镇峰峰村前街西头	
130406600010	槐树	Sophora japonica Linn.	360	14	260	20	峰峰集团后勤实业分公司院内	名木
130406600011	五角枫	Acer mono Maxim.	110	13	280	18	峰峰集团二矿社区院内	
130406600012	槐树	Sophora japonica Linn.	310	10	200	16	峰峰镇后西佐村	
130406600013	槐树	Sophora japonica Linn.	600	7.5	270	14	峰峰镇上宫庄一村老村	
130406600014	槐树	Sophora japonica Linn.	500	8	280	12	峰峰镇前西佐村	
130406600015	槐树	Sophora japonica Linn.	360	11	220	14	峰峰镇中西佐村西佐煤厂院内	
130406600016	桑树	Morus alba L.	250	8.5	260	14	峰峰镇上宫庄二村村南	
130406600017	皂荚	Gleditsia sinensis Lam.	110	8	150	13	峰峰矿区原人民公园	
130406600018	银杏	Ginkgo biloba L.	110	13	255	19	峰峰矿区原人民公园	
130406600019	三角枫	Acer buergerianum Miq.	100	8.5	210	18	峰峰镇前台村西	
130406600020	皂荚	Gleditsia sinensis Lam.	130	11	240	15	新坡镇南台村西	
130406600021	槐树	Sophora japonica Linn.	410	9.5	215	14	大社镇香山村后街	
130406600022	槐树	Sophora japonica Linn.	130	11.5	195	17	大社镇大社村村民委员会院内	
130406600023	槐树	Sophora japonica Linn.	600	10.5	320	19	义井镇义西村义和街	
130406600024	槐树	Sophora japonica Linn.	500	10.5	280	14	义井镇义西村东头十字街南头	
130406600025	槐树	Sophora japonica Linn.	410	9	250	14	义井镇义西村村中	
130406600026	槐树	Sophora japonica Linn.	200	7.5	180	11	义井镇上拔剑村	
130406600027	槐树	Sophora japonica Linn.	160	11.5	190	18	义井镇羊一村西南	
130406600028	侧柏	Platycladus orientalis (L.) Franco	300	9	110	8	义井镇东王看村村民委员会院内	

古树名木编号	中文名	拉丁名	树龄（年）	树高（米）	胸（地）围（厘米）	冠幅（米）	生长位置	备注
13040600029	侧柏	Platycladus orientalis (L.) Franco	300	8.8	94	6	义井镇东看村村民委员会院内	
13040600030	槐树	Sophora japonica Linn.	210	9.8	190	12	义井镇王三村东	
13040600031	槐树	Sophora japonica Linn.	500	9.5	270	15	义井镇王一村	
13040600032	槐树	Sophora japonica Linn.	200	11	175	13	义井镇王一村	
13040600033	垂柳	Salix babylonica L.	200	13	225	12	义井镇王一村	
13040600034	槐树	Sophora japonica Linn.	120	5	97	10	义井镇王一村	
13040600035	槐树	Sophora japonica Linn.	120	10	128	10	义井镇王二村关帝庙旁	
13040600036	槐树	Sophora japonica Linn.	300	12	200	16	义井镇王二村武校院内	
13040600037	槐树	Sophora japonica Linn.	150	10.5	125	11	义井镇王二村武校院内	
13040600038	槐树	Sophora japonica Linn.	260	9.5	190	13	义井镇石臼村老村	
13040600039	槐树	Sophora japonica Linn.	260	7.5	155	9	义井镇石臼村老村	
13040600040	槐树	Sophora japonica Linn.	310	9	250	12	义井镇南侯村	
13040600041	槐树	Sophora japonica Linn.	310	6.5	245	14	义井镇下脑村西	
13040600042	槐树	Sophora japonica Linn.	160	9.5	123	10	义井镇岗头村	
13040600043	槐树	Sophora japonica Linn.	160	10.5	180	13	义井镇宿凤村	
13040600044	槐树	Sophora japonica Linn.	100	9.5	150	12	义井镇宿凤村	
13040600045	枣树	Ziziphus jujuba Mill.	120	8.2	90	6	义井镇九龙岐村	
13040600046	皂荚	Gleditsia sinensis Lam.	150	8.5	160	15	义井镇马庄村	
13040600047	槐树	Sophora japonica Linn.	260	8	185	11	和村镇南胡村大街中央	
13040600048	皂荚	Gleditsia sinensis Lam.	800	9.5	380	15	和村镇北胡村西北角	
13040600049	槐树	Sophora japonica Linn.	120	10.5	169	16	和村镇金村	
13040600050	槐树	Sophora japonica Linn.	550	6.5	190	11	和村镇南八特村原大庙处	
13040600051	槐树	Sophora japonica Linn.	120	8.5	195	11	和村镇东苑城村	
13040600052	槐树	Sophora japonica Linn.	120	9	150	14	和村镇东苑城村	
13040600053	槐树	Sophora japonica Linn.	110	12	165	12	和村镇东苑城村	
13040600054	槐树	Sophora japonica Linn.	400	9	250	14	界城镇东鸦峪村口	
13040600055	槐树	Sophora japonica Linn.	400	4.5	230	12	界城镇东鸦峪村南	
临漳县								
13042300001	皂荚	Gleditsia sinensis Lam.	200	12	163	12	南东坊镇南东坊二村	
13042300002	槐树	Sophora japonica Linn.	105	15	179	10	南东坊镇南东坊四村	
13042300003	槐树	Sophora japonica Linn.	100	15	142	13	南东坊镇南东坊四村	
13042300004	刺槐	Robinia pseudoacacia L.	130	16.5	245	15	南东坊镇陈家小庄村	

古树名木编号	中文名	拉丁名	树龄（年）	树高（米）	胸(地)围（厘米）	冠幅（米）	生长位置	备注
13042300005	毛白杨	*Populus tomentosa* Carr.	120	25	276	14	南东坊镇陈家小庄村	
13042300006	皂荚	*Gleditsia sinensis* Lam.	100	17	188	19	南东坊镇后小庄村	
13042300007	皂荚	*Gleditsia sinensis* Lam.	120	15	184	16	辛里集镇肖城寨村	
13042300008	皂荚	*Gleditsia sinensis* Lam.	320	12	292	16	辛里集镇大辛村	
13042300009	槐树	*Sophora japonica* Linn.	100	10	154	12	辛里集镇堤上学校院内	
13042300010	槐树	*Sophora japonica* Linn.	300	10	260	11	辛里集镇北东坊村	
13042300011	皂荚	*Gleditsia sinensis* Lam.	400	10	239	14	辛里集镇东屯村	
13042300012	槐树	*Sophora japonica* Linn.	100	12	163	12	邺城镇盐食村	
13042300013	槐树	*Sophora japonica* Linn.	100	5	157	6	邺城镇显旺村	
13042300014	槐树	*Sophora japonica* Linn.	100	10.5	184	12	邺城镇显旺村	
13042300015	槐树	*Sophora japonica* Linn.	100	11.5	146	12	邺城镇显旺村	
13042300016	槐树	*Sophora japonica* Linn.	360	15	260	18	邺城镇三台村三台遗址	
13042300017	槐树	*Sophora japonica* Linn.	110	11.5	154	9	邺城镇三台村三台遗址	
13042300018	侧柏	*Platycladus orientalis* (L.) Franco	100	10	107	8	邺城镇三台村三台遗址	
13042300019	圆柏	*Sabina chinensis* (L.) Ant.	1800	21	550	16	习文乡靳彭城三教堂庙内	
13042300020	槐树	*Sophora japonica* Linn.	150	6	190	8	习文乡时固村村民委员会院内	
13042300021	槐树	*Sophora japonica* Linn.	150	13	176	15	习文乡义城村	
13042300022	槐树	*Sophora japonica* Linn.	150	12.5	144	11	习文乡义城村	
13042300023	槐树	*Sophora japonica* Linn.	100	11	116	12	孙陶镇司庄村	
13042300024	槐树	*Sophora japonica* Linn.	110	16.4	161	13	孙陶镇司庄村	
13042300025	槐树	*Sophora japonica* Linn.	120	11.5	157	10	孙陶镇司庄村	
13042300026	刺槐	*Robinia pseudoacacia* L.	100	10.5	158	11	孙陶镇司庄村	
13042300027	槐树	*Sophora japonica* Linn.	100	12	138	11	孙陶镇古辛屯村	
13042300028	杜梨	*Pyrus betulifolia* Bunge	100	12	147	12	孙陶镇西芦村	
13042300029	刺槐	*Robinia pseudoacacia* L.	100	15.5	209	11	柳园镇政府院内	
13042300030	杜梨	*Pyrus betulifolia* Bunge	110	13.5	201	12	秋邱乡双庙村审计路东头路中间	
13042300031	柘树	*Cudrania tricuspidata* (Carr.) Bur. ex Lavallee	200	6	75	4	临漳镇王明寨关公商前路北	
13042300032	杜梨	*Pyrus betulifolia* Bunge	100	12	184	14	临漳镇王明寨村西南陵园内	
13042300033	柿树	*Diospyros kaki* Thunb.	150	10.5	130	8	秋邱乡贾村	
13042300034	柿树	*Diospyros kaki* Thunb.	150	10.5	146	10	秋邱乡贾村	
13042300035	柿树	*Diospyros kaki* Thunb.	150	10	110	7	秋邱乡贾村	
13042300036	槐树	*Sophora japonica* Linn.	120	9	132	9	杜村乡安庄村	

古树名木编号	中文名	拉丁名	树龄（年）	树高（米）	胸(地)围（厘米）	冠幅（米）	生长位置	备注
13042300037	槐树	Sophora japonica Linn.	300	12	204	13	杜村乡安庄村	
13042300038	皂荚	Gleditsia sinensis Lam.	120	27	323	20	张村乡三皇庙村原三皇庙乡政府院内	
13042300039	枣树	Ziziphus jujuba Mill.	130	9	82	7	砖寨营乡泛商村	
13042300040	枣树	Ziziphus jujuba Mill.	120	10.5	100	9	砖寨营乡泛商村	
13042300041	槐树	Sophora japonica Linn.	120	10	122	10	柏鹤乡北张庄村	
13042300042	槐树	Sophora japonica Linn.	120	7	117	7	柏鹤乡北张庄村	
13042300043	槐树	Sophora japonica Linn.	100	7	75	7	柏鹤乡北张庄村	
13042300044	槐树	Sophora japonica Linn.	100	12	144	14	马羊㶷乡王羊㶷村	
13042300045	皂荚	Gleditsia sinensis Lam.	350	13	266	15	狄邱乡北孔村	

成安县

古树名木编号	中文名	拉丁名	树龄（年）	树高（米）	胸(地)围（厘米）	冠幅（米）	生长位置	备注
13042400001	皂荚	Gleditsia sinensis Lam.	1500	7	220	6	长巷乡封边童村个人家中	
13042400002	杜梨	Pyrus betulifolia Bunge	130	10	220	10	长巷乡封边童村东坡边	
13042400003	合欢	Albizia julibrissin Durazz.	360	6	190	6	成安镇南街村南台	
13042400004	槐树	Sophora japonica Linn.	100	7	160	5	商城镇秦家营村	
13042400005	侧柏	Platycladus orientalis (L.) Franco	150	9	100	3	成安镇南街村南台	
13042400006	杜梨	Pyrus betulifolia Bunge	100	7	220	6	道东堡乡西马堤村	
13042400007	侧柏	Platycladus orientalis (L.) Franco	1000	10	200	4	道东堡乡曲村	
13042400008	皂荚	Gleditsia sinensis Lam.	200	8	220	8	商城镇北郎堡村个人家中	
13042400009	槐树	Sophora japonica Linn.	150	8	190	8	商城镇高母营村	
13042400010	槐树	Sophora japonica Linn.	150	6	190	6	成安镇北漳禧村个人家中	
13042400011	杜梨	Pyrus betulifolia Bunge	100	12	190	8	北乡义镇牛乡义村村东	
13042400012	杜梨	Pyrus betulifolia Bunge	150	8	230	8	长巷乡长巷营村	

大名县

古树名木编号	中文名	拉丁名	树龄（年）	树高（米）	胸(地)围（厘米）	冠幅（米）	生长位置	备注
13042500001	侧柏	Platycladus orientalis (L.) Franco	300	25	200	10	王村乡东赵庄村	
13042500002	杜梨	Pyrus betulifolia Bunge	150	15	300	8	王村乡东赵庄村	
13042500003	白梨	Pyrus bretschneideri Rehd.	150	5	100	10	王村乡西赵庄村	
13042500004	白梨	Pyrus bretschneideri Rehd.	120	4	100	8	王村乡西赵庄村	
13042500005	白梨	Pyrus bretschneideri Rehd.	200	4.5	90	9	王村乡西赵庄村	
13042500006	白梨	Pyrus bretschneideri Rehd.	300	4	100	9	王村乡西赵庄村	
13042500007	柿树	Diospyros kaki Thunb.	230	10	150	8	北峰乡后北峰村	
13042500008	槐树	Sophora japonica Linn.	300	6	230	11	孙甘店镇李康村	
13042500009	槐树	Sophora japonica Linn.	300	6.5	140	7.5	孙甘店镇南李庄东村	

古树名木编号	中文名	拉丁名	树龄（年）	树高（米）	胸(地)围（厘米）	冠幅（米）	生长位置	备注
13042500010	槐树	Sophora japonica Linn.	280	4	180	9	孙甘店镇南李庄前村	
13042500011	槐树	Sophora japonica Linn.	400	8	260	13.5	孙甘店镇孙甘店村	
13042500012	槐树	Sophora japonica Linn.	200	12	230	9	龙王庙镇甘庄村	
13042500013	杜梨	Pyrus betulifolia Bunge	150	12	230	10	红庙乡黄庄村	
13042500014	槐树	Sophora japonica Linn.	450	8.5	270	8	金滩集镇金北村	
13042500015	槐树	Sophora japonica Linn.	200	15	200	16	西付集乡李马陵村	
13042500016	槐树	Sophora japonica Linn.	150	10	120	8	西付集乡李马陵村	
13042500017	柿树	Diospyros kaki Thunb.	200	12	200	10	西付集乡辛庄村	
13042500018	杜梨	Pyrus betulifolia Bunge	110	11	46	9	大名镇大名政府院内	
13042500019	皂荚	Gleditsia sinensis Lam.	110	8	60	7	大名镇大名政府院内	
13042500020	皂荚	Gleditsia sinensis Lam.	123	21.3	245	19	大名镇东街豫剧院内	
13042500021	槐树	Sophora japonica Linn.	600	11	350	8.5	大名镇南街村	名木
13042500022	槐树	Sophora japonica Linn.	600	13.2	390	15.6	大名镇西街村	
13042500023	合欢	Albizia julibrissin Durazz	150	12	200	10	张集乡司家庄村	

涉 县

古树名木编号	中文名	拉丁名	树龄（年）	树高（米）	胸(地)围（厘米）	冠幅（米）	生长位置	备注
13042600001	侧柏	Platycladus orientalis (L.) Franco	160	8	78	5	更乐镇更乐村	
13042600002	侧柏	Platycladus orientalis (L.) Franco	160	7	70	4.5	更乐镇更乐村	
13042600003	侧柏	Platycladus orientalis (L.) Franco	160	8	81	5	更乐镇更乐村	
13042600004	侧柏	Platycladus orientalis (L.) Franco	160	8	70	4	更乐镇更乐村	
13042600005	侧柏	Platycladus orientalis (L.) Franco	160	9	85	4	更乐镇更乐村	
13042600006	侧柏	Platycladus orientalis (L.) Franco	160	8.5	95	6	更乐镇更乐村	
13042600007	侧柏	Platycladus orientalis (L.) Franco	160	8	90	4.5	更乐镇更乐村	
13042600008	侧柏	Platycladus orientalis (L.) Franco	160	8	80	4	更乐镇更乐村	
13042600009	槐树	Sophora japonica Linn.	335	6	135	4.5	更乐镇更乐村	
13042600010	槐树	Sophora japonica Linn.	400	11.5	423	12	固新镇大矿村	
13042600011	黄连木	Pistacia chinensis Bunge	250	12	222	15	固新镇东山村	
13042600012	黄连木	Pistacia chinensis Bunge	150	11	170	11	固新镇东山村	
13042600013	黄连木	Pistacia chinensis Bunge	200	11	230	16.5	固新镇东山村	
13042600014	槐树	Sophora japonica Linn.	2000	29	1700	12	固新镇固新村	
13042600015	槐树	Sophora japonica Linn.	120	20	251	13.5	固新镇固新村	
13042600016	槐树	Sophora japonica Linn.	550	10	440	8	固新镇固新村	
13042600017	黄连木	Pistacia chinensis Bunge	500	14.5	374	12	固新镇固新村	

古树名木编号	中文名	拉丁名	树龄（年）	树高（米）	胸(地)围（厘米）	冠幅（米）	生长位置	备注
13042600018	槐树	Sophora japonica Linn.	110	17.5	205	15	固新镇黄岩村	
13042600019	槐树	Sophora japonica Linn.	600	9	340	14.5	固新镇孔家村	
13042600020	皂荚	Gleditsia sinensis Lam.	120	7.5	128	5	固新镇连泉村	
13042600021	皂荚	Gleditsia sinensis Lam.	100	14	204	13	固新镇连泉村	
13042600022	皂荚	Gleditsia sinensis Lam.	100	13	210	12	固新镇林旺村	
13042600023	黑枣	Diospyros lotus L.	150	9	178	12.5	固新镇小车村	
13042600024	黑枣	Diospyros lotus L.	100	8	128	11	固新镇小车村	
13042600025	白皮松	Pinus bungeana Zucc. ex Endl.	150	8	127	7.5	固新镇小矿村	
13042600026	槐树	Sophora japonica Linn.	300	12	200	6.5	固新镇小矿村	
13042600027	槐树	Sophora japonica Linn.	180	12	220	12	固新镇小矿村	
13042600028	榆树	Ulmus pumila L.	130	16	228	17	固新镇小矿村	
13042600029	黑枣	Diospyros lotus L.	260	15	256	11	固新镇邢家村	
13042600030	皂荚	Gleditsia sinensis Lam.	290	13	210	15	神头乡前觉峪村	
13042600031	黄栌	Cotinus coggygria Scop.	500	9	376	9	固新镇原曲村	
13042600032	北京丁香	Syringa pekinensis Rupr.	100	3.7	73	9	固新镇原曲村	
13042600033	黄连木	Pistacia chinensis Bunge	200	13	159	12	固新镇云头村	
13042600034	黄连木	Pistacia chinensis Bunge	150	12	108	12	固新镇云头村	
13042600035	榔榆	Ulmus parvifolia Jacq.	800	9	350	12	关防乡曹家村	
13042600036	侧柏	Platycladus orientalis (L.) Franco	200	7	122	7	关防乡关防村	
13042600037	槐树	Sophora japonica Linn.	500	9	280	14.5	关防乡关防村	
13042600038	黄连木	Pistacia chinensis Bunge	150	8	181	8.5	关防乡郝赵村	
13042600039	槐树	Sophora japonica Linn.	150	14	205	11	关防乡前岩村	
13042600040	黄连木	Pistacia chinensis Bunge	200	13	255	13.5	关防乡前岩村	
13042600041	皂荚	Gleditsia sinensis Lam.	120	12	270	16	关防乡前岩村	
13042600042	槐树	Sophora japonica Linn.	400	12	420	12	关防乡宋家村	
13042600043	槐树	Sophora japonica Linn.	300	15	380	12.5	关防乡宋家村	
13042600044	槐树	Sophora japonica Linn.	400	13	380	15.5	关防乡赤刘村	
13042600045	侧柏	Platycladus orientalis (L.) Franco	500	19	260	12	合漳乡大港村	
13042600046	黄连木	Pistacia chinensis Bunge	500	10	290	12.5	合漳乡大港村	
13042600047	黄连木	Pistacia chinensis Bunge	300	11	230	10.5	合漳乡丁岩村	
13042600048	槐树	Sophora japonica Linn.	800	9	325	10.5	合漳乡东峧村	
13042600049	黄栌	Cotinus coggygria Scop.	800	7.8	620	9.5	合漳乡后峧村	

古树名木编号	中文名	拉丁名	树龄（年）	树高（米）	胸(地)围（厘米）	冠幅（米）	生长位置	备注
13042600050	黄栌	Cotinus coggygria Scop.	300	6	280	8	合漳乡后岐村	
13042600051	青檀	Pteroceltis tatarinowii Maxim.	500	12	230	9.5	合漳乡后岐村	
13042600052	槐树	Sophora japonica Linn.	140	10.5	185	10	合漳乡郊口村	
13042600053	白皮松	Pinus bungeana Zucc. ex Endl.	200	9.5	180	12.5	合漳乡前岐村	
13042600054	槐树	Sophora japonica Linn.	100	19	280	29.5	合漳乡前岐村	
13042600055	黄连木	Pistacia chinensis Bunge	300	7	197	6.5	合漳乡田家嘴村	
13042600056	侧柏	Platycladus orientalis (L.) Franco	600	10	315	11	合漳乡张头村	
13042600057	槐树	Sophora japonica Linn.	140	16	260	19.5	河南店镇赤岸村	
13042600058	槐树	Sophora japonica Linn.	300	9	190	12.5	河南店镇赤岸村	
13042600059	紫荆	Cercis chinensis Bunge	77	4.3	175	5	河南店镇赤岸村	
13042600060	侧柏	Platycladus orientalis (L.) Franco	500	17	175	6	河南店镇卸甲村	
13042600061	黑枣	Diospyros lotus L.	260	11	190	16	河南店镇卸甲村	
13042600062	槐树	Sophora japonica Linn.	130	15	177	15.5	河南店镇杨庄村	
13042600063	槐树	Sophora japonica Linn.	140	16	250	19	井店镇合北村	
13042600064	槐树	Sophora japonica Linn.	150	13	220	12	井店镇合东村	
13042600065	白梨	Pyrus bretschneideri Rehd.	150	9	200	6	井店镇合南村	
13042600066	侧柏	Platycladus orientalis (L.) Franco	800	7	190	9	辽城乡东泉村	
13042600067	刺槐	Robinia pseudoacacia L.	100	14	255	12.5	辽城乡韩家窑村	
13042600068	槐树	Sophora japonica Linn.	150	6.5	120	8	辽城乡韩家窑村	
13042600069	榔榆	Ulmus parvifolia Jacq.	300	19.5	300	14	辽城乡韩家窑村	
13042600070	榔榆	Ulmus parvifolia Jacq.	200	12	400	12	辽城乡韩家窑村	
13042600071	侧柏	Platycladus orientalis (L.) Franco	500	11	166	8	辽城乡郝家村	
13042600072	槐树	Sophora japonica Linn.	800	13	530	17	辽城乡郝家村	
13042600073	槐树	Sophora japonica Linn.	300	18	192	15	辽城乡郝家村	
13042600074	核桃	Juglans regia L.	120	13	192	13	辽城乡郝家村	
13042600075	核桃	Juglans regia L.	120	8	190	12	辽城乡郝家村	
13042600076	黄连木	Pistacia chinensis Bunge	150	9	176	8	辽城乡郝家村	
13042600077	黄连木	Pistacia chinensis Bunge	110	12	207	12	辽城乡郝家村	
13042600078	黄连木	Pistacia chinensis Bunge	110	14	205	14	辽城乡郝家村	
13042600079	五角枫	Acer mono Maxim.	300	13	210	13.5	辽城乡黄龙脑村	
13042600080	黄栌	Cotinus coggygria Scop.	500	5	600	11	辽城乡黄护脑村	
13042600081	黄栌	Cotinus coggygria Scop.	500	4	350	5.5	辽城乡黄护脑村	

古树名木编号	中文名	拉丁名	树龄（年）	树高（米）	胸(地)围（厘米）	冠幅（米）	生长位置	备注
13042600082	黄连木	Pistacia chinensis Bunge	300	14.5	234	16	辽城乡刘家庄	
13042600083	黄连木	Pistacia chinensis Bunge	150	15	170	14	辽城乡刘家庄	
13042600084	黄连木	Pistacia chinensis Bunge	150	15	178	15	辽城乡刘家庄	
13042600085	槐树	Sophora japonica Linn.	260	22.5	280	17	辽城乡石窑村	
13042600086	槐树	Sophora japonica Linn.	300	26	318	16	辽城乡石窑村	
13042600087	侧柏	Platycladus orientalis (L.) Franco	120	8	113	8	辽城乡苏家村	
13042600088	槐树	Sophora japonica Linn.	300	13	274	15	辽城乡苏家村	
13042600089	黄连木	Pistacia chinensis Bunge	300	8.5	210	9	辽城乡苏家村	
13042600090	黄连木	Pistacia chinensis Bunge	300	7	431	7	辽城乡苏家村	
13042600091	黄连木	Pistacia chinensis Bunge	200	8.5	167	7	辽城乡苏家村	
13042600092	黄连木	Pistacia chinensis Bunge	200	20	210	12.3	辽城乡苏家村	
13042600093	黄连木	Pistacia chinensis Bunge	200	20	187	16	辽城乡苏家村	
13042600094	白梨	Pyrus bretschneideri Rehd.	150	8	90	5	辽城乡苏家村	
13042600095	枣树	Ziziphus jujuba Mill.	120	6	62	3	辽城乡苏家村	
13042600096	侧柏	Platycladus orientalis (L.) Franco	180	13	183	9	辽城乡西洞村	
13042600097	槐树	Sophora japonica Linn.	120	18	200	18	辽城乡西洞村	
13042600098	槲栎	Quercus aliena Bl.	300	13.5	305	12.5	辽城乡西洞村	
13042600099	毛白杨	Populus tomentosa Carr.	500	22	265	9	辽城乡西辽城村	
13042600100	侧柏	Platycladus orientalis (L.) Franco	150	13	108	4	辽城乡新桥村	
13042600101	侧柏	Platycladus orientalis (L.) Franco	150	10	120	9	辽城乡新桥村	
13042600102	侧柏	Platycladus orientalis (L.) Franco	150	9	125	8	辽城乡新桥村	
13042600103	侧柏	Platycladus orientalis (L.) Franco	120	8	117	4	辽城乡新桥村	
13042600104	侧柏	Platycladus orientalis (L.) Franco	200	9	167	1	辽城乡新桥村	
13042600105	侧柏	Platycladus orientalis (L.) Franco	150	9	143	1	辽城乡新桥村	
13042600106	槐树	Sophora japonica Linn.	260	12	283	12	辽城乡峪里村	
13042600107	皂荚	Gleditsia sinensis Lam.	500	22	276	18.5	辽城乡峪里村	
13042600108	侧柏	Platycladus orientalis (L.) Franco	300	7	170	7	龙虎乡马布村	
13042600109	侧柏	Platycladus orientalis (L.) Franco	300	7	170	12	龙虎乡马布村	
13042600110	槐树	Sophora japonica Linn.	500	9	360	13	龙虎乡南郭口村	
13042600111	槐树	Sophora japonica Linn.	300	23	345	20.5	龙虎乡南郭口村	
13042600112	毛白杨	Populus tomentosa Carr.	150	10	215	10	龙虎乡南乱石岩村	
13042600113	侧柏	Platycladus orientalis (L.) Franco	200	10	121	5	龙虎乡石洺村	

附表

古树名木编号	中文名	拉丁名	树龄（年）	树高（米）	胸(地)围（厘米）	冠幅（米）	生长位置	备注
13042600114	侧柏	Platycladus orientalis (L.) Franco	1000	6	628	10	无虎乡石泊村	
13042600115	侧柏	Platycladus orientalis (L.) Franco	500	9	345	8.5	鹿头乡东安居村	
13042600116	侧柏	Platycladus orientalis (L.) Franco	200	4.5	110	4	鹿头乡东安居村	
13042600117	槐树	Sophora japonica Linn.	500	5	570	15	鹿头乡东宇庄村	
13042600118	核桃	Juglans regia L.	180	12.5	185	13	鹿头乡花木岐村	
13042600119	槐树	Sophora japonica Linn.	100	14.5	188	16	鹿头乡史家渠村	
13042600120	旱柳	Salix matsudana Koidz.	120	9	480	13	鹿头乡寺峪村	
13042600121	榔榆	Ulmus parvifolia Jacq.	350	9	210	10.5	鹿头乡寺峪村	
13042600122	槐树	Sophora japonica Linn.	500	16	503	18	鹿头乡杨庄村	
13042600123	槐树	Sophora japonica Linn.	350	14	330	16.5	木井乡东豆庄	
13042600124	槐树	Sophora japonica Linn.	200	14	245	19.5	木井乡东豆庄	
13042600125	槐树	Sophora japonica Linn.	120	11	245	18	木井乡涞河沟村	
13042600126	槐树	Sophora japonica Linn.	300	9	275	9.5	木井乡西峪村	
13042600127	杏树	Armeniaca vulgaris Lam.	180	10.5	228	11.5	偏城镇文叶交村	
13042600128	杏树	Armeniaca vulgaris Lam.	130	9	160	10	偏城镇文叶交村	
13042600129	槐树	Sophora japonica Linn.	120	15	160	15	偏城镇大岩村	
13042600130	小叶朴	Celtis bungeana Bl.	200	16	190	6	偏城镇圪腊铺村	
13042600131	杏树	Armeniaca vulgaris Lam.	100	8	170	10	偏城镇圪腊铺村	
13042600132	栾树	Koelreuteria paniculata Laxm.	110	14	210	8.5	偏城镇槿岭村	
13042600133	槲栎	Quercus aliena Bl.	300	8	170	11.5	偏城镇龙洞村	
13042600134	黄栌	Cotinus coggygria Scop.	300	6	100	3	偏城镇龙洞村	
13042600135	杏树	Armeniaca vulgaris Lam.	200	11	430	11	偏城镇龙洞村	
13042600136	杏树	Armeniaca vulgaris Lam.	150	11	170	12	偏城镇龙洞村	
13042600137	皂荚	Gleditsia sinensis Lam.	120	17	136	11	偏城镇龙洞村	
13042600138	槐树	Sophora japonica Linn.	150	13	183	18	偏城镇偏城村	
13042600139	核桃	Juglans regia L.	250	14	280	19	偏城镇偏城村	
13042600140	核桃	Juglans regia L.	250	12	230	16	偏城镇偏城村	
13042600141	核桃	Juglans regia L.	250	15	260	19.5	偏城镇平房沟村	
13042600142	核桃	Juglans regia L.	200	14	221	19.5	偏城镇平房沟村	
13042600143	核桃	Juglans regia L.	200	13	250	16.5	偏城镇偏城村	
13042600144	核桃	Juglans regia L.	300	12	290	12.5	偏城镇前坪村	
13042600145	核桃	Juglans regia L.	200	11	260	17	偏城镇前坪村	

古树名木编号	中文名	拉丁名	树龄（年）	树高（米）	胸(地)围（厘米）	冠幅（米）	生长位置	备注
13042600146	槐树	Sophora japonica Linn.	120	10	193	18.5	偏城镇桑栈村	
13042600147	槐树	Sophora japonica Linn.	100	20	230	21	偏城镇圣寺驼村	
13042600148	核桃	Juglans regia L.	250	14	280	19.5	偏城镇圣寺驼村	
13042600149	核桃	Juglans regia L.	250	23	240	19	偏城镇圣寺驼村	
13042600150	槲栎	Quercus aliena Bl.	500	14	325	8.5	偏城镇石峰村	
13042600151	槐树	Sophora japonica Linn.	300	13	216	9	偏城镇石峰村	
13042600152	榔榆	Ulmus parvifolia Jacq.	500	11	760	11	偏城镇石峰村	
13042600153	侧柏	Platycladus orientalis (L.) Franco	120	10	120	7.5	偏城镇寺子岩村	
13042600154	核桃	Juglans regia L.	200	11	215	19	偏城镇寺子岩村	
13042600155	核桃	Juglans regia L.	250	14	215	19	偏城镇寺子岩村	
13042600156	核桃	Juglans regia L.	200	10	205	15	偏城镇寺子岩村	
13042600157	小叶杨	Populus simonii Carr.	100	9	245	15.5	偏城镇寺子岩村	
13042600158	杏树	Armeniaca vulgaris Lam.	150	10	177	13	偏城镇王大坡村	
13042600159	杏树	Armeniaca vulgaris Lam.	130	10	143	9	偏城镇王大坡村	
13042600160	杏树	Armeniaca vulgaris Lam.	100	8	138	8.5	偏城镇王大坡村	
13042600161	槐树	Sophora japonica Linn.	100	13	130	13.5	偏城镇魏家密村	
13042600162	垂柳	Salix babylonica L.	200	9	250	7.5	偏城镇丙庄村	
13042600163	槐树	Sophora japonica Linn.	300	11	270	11	偏城镇丙庄村	
13042600164	核桃	Juglans regia L.	200	12.5	256	18.5	偏城镇丙庄村	
13042600165	侧柏	Platycladus orientalis (L.) Franco	300	7	173	9.5	偏城镇小交村	
13042600166	核桃	Juglans regia L.	350	18.5	251	21	偏城镇小交村	
13042600167	核桃	Juglans regia L.	200	26	278	16	偏城镇小交村	
13042600168	核桃	Juglans regia L.	300	19.5	233	19	偏城镇小交村	
13042600169	流苏树	Chionanthus retusus Lindl. et Paxt.	300	13	360	9.5	偏城镇小泉村	
13042600170	槐树	Sophora japonica Linn.	200	10	237	13	偏城镇小泉村	
13042600171	槐树	Sophora japonica Linn.	150	7.5	185	15.5	偏城镇小泉村	
13042600172	早柳	Salix matsudana Koidz.	120	14.5	265	15.5	偏城镇庄子岭村	
13042600173	核桃	Juglans regia L.	250	16	245	19.5	偏城镇庄子岭村	
13042600174	黄栌	Cotinus coggygria Scop.	150	4	105	5	偏城镇庄子岭村	
13042600175	槐树	Sophora japonica Linn.	800	16	315	16	偏店乡后寨村	
13042600176	槐树	Sophora japonica Linn.	100	12.5	210	14.5	偏店乡前寨村	
13042600177	核桃	Juglans regia L.	300	17	278	20	偏店乡杨家寨村	

古树名木编号	中文名	拉丁名	树龄（年）	树高（米）	胸(地)围（厘米）	冠幅（米）	生长位置	备注
13042600178	侧柏	Platycladus orientalis (L.) Franco	150	13	121	6	涉城镇北岗村	
13042600179	侧柏	Platycladus orientalis (L.) Franco	150	11.5	107	7	涉城镇北岗村	
13042600180	槐树	Sophora japonica Linn.	500	14.5	260	9	涉城镇南岗村	
13042600181	槐树	Sophora japonica Linn.	300	11.5	245	7	涉城镇南原村	
13042600182	槐树	Sophora japonica Linn.	150	13	170	9.5	涉城镇西岗村	
13042600183	侧柏	Platycladus orientalis (L.) Franco	200	12	130	2.5	涉城镇招岗村	
13042600184	侧柏	Platycladus orientalis (L.) Franco	150	10	80	3	涉城镇招岗村	
13042600185	槐树	Sophora japonica Linn.	150	13	170	5	涉城镇西岗村	
13042600186	侧柏	Platycladus orientalis (L.) Franco	170	9	92	5.5	涉城镇招岗村	
13042600187	侧柏	Platycladus orientalis (L.) Franco	150	7	150	2	涉城镇招岗村	
13042600188	侧柏	Platycladus orientalis (L.) Franco	150	7	150	2.5	涉城镇招岗村	
13042600189	侧柏	Platycladus orientalis (L.) Franco	150	7.5	70	2	涉城镇招岗村	
13042600190	槐树	Sophora japonica Linn.	400	11	367	13	涉城镇中原村	
13042600191	侧柏	Platycladus orientalis (L.) Franco	150	7	80	5.5	神头乡椿树岭岭村	
13042600192	槐树	Sophora japonica Linn.	150	9	216	12	神头乡椿树岭岭村	
13042600193	槐树	Sophora japonica Linn.	150	9	180	9	神头乡前觉漳村	
13042600194	槐树	Sophora japonica Linn.	100	14	170	12.5	神头乡前觉漳村	
13042600195	槐树	Sophora japonica Linn.	500	9	360	14	神头乡前觉漳村	
13042600196	槐树	Sophora japonica Linn.	140	13	195	13	神头乡前觉漳村	
13042600197	槐树	Sophora japonica Linn.	120	10.5	165	10.5	神头乡前觉漳村	
13042600198	槐树	Sophora japonica Linn.	100	11	205	11.5	神头乡申家庄村	
13042600199	垂柳	Salix babylonica L.	100	13	337	10	索堡镇常乐村	
13042600200	楸树	Catalpa bungei C. A. Mey.	270	10	200	7	索堡镇常乐村	
13042600201	楸树	Catalpa bungei C. A. Mey.	250	8	185	5.5	索堡镇常乐村	
13042600202	槐树	Sophora japonica Linn.	200	15	260	14.5	索堡镇佛堂村	
13042600203	槐树	Sophora japonica Linn.	350	10	245	7	索堡镇高家庄村	
13042600204	槐树	Sophora japonica Linn.	140	13	160	17.5	索堡镇磨池村	
13042600205	槐树	Sophora japonica Linn.	500	7	320	8	索堡镇上温村	
13042600206	槐树	Sophora japonica Linn.	300	21.5	285	13	索堡镇上温村	
13042600207	侧柏	Platycladus orientalis (L.) Franco	120	6.5	78	6.5	索堡镇索堡村	
13042600208	侧柏	Platycladus orientalis (L.) Franco	120	8	70	4	索堡镇索堡村	
13042600209	侧柏	Platycladus orientalis (L.) Franco	120	8	110	4.5	索堡镇索堡村	

古树名木编号	中文名	拉丁名	树龄（年）	树高（米）	胸(地)围（厘米）	冠幅（米）	生长位置	备注
13042600210	侧柏	Platycladus orientalis (L.) Franco	120	8	90	6	索堡镇索堡村	
13042600211	侧柏	Platycladus orientalis (L.) Franco	120	7	65	5	索堡镇索堡村	
13042600212	侧柏	Platycladus orientalis (L.) Franco	120	11	100	5	索堡镇索堡村	
13042600213	侧柏	Platycladus orientalis (L.) Franco	120	7	72	5	索堡镇索堡村	
13042600214	侧柏	Platycladus orientalis (L.) Franco	120	8	75	4	索堡镇索堡村	
13042600215	侧柏	Platycladus orientalis (L.) Franco	1400	14	325	12.5	索堡镇温庄村	
13042600216	黄连木	Pistacia chinensis Bunge	200	14	180	11.5	西达镇甘泉村	
13042600217	山楂	Crataegus pinnatifida Bunge	200	9	128	9	西达镇甘泉村	
13042600218	白皮松	Pinus bungeana Zucc. ex Endl.	350	17.5	225	19	西达镇牛家村	
13042600219	槐树	Sophora japonica Linn.	800	15	490	17	西达镇合华村	
13042600220	槐树	Sophora japonica Linn.	550	15	440	25	西达镇西达村	
13042600221	槐树	Sophora japonica Linn.	100	16	220	15.5	西戍镇东戍村	
13042600222	槐树	Sophora japonica Linn.	100	18	230	15.5	西戍镇东戍村	
13042600223	槐树	Sophora japonica Linn.	130	12	164	10.5	西戍镇东戍村	
13042600224	槐树	Sophora japonica Linn.	100	9	170	15.5	西戍镇鸡鸣铺村	
13042600225	槐树	Sophora japonica Linn.	200	14	257	10.5	西戍镇沙河村	
13042600226	槐树	Sophora japonica Linn.	200	4	255	7.5	西戍镇沙河村	
13042600227	侧柏	Platycladus orientalis (L.) Franco	170	12	113	5	西戍镇西戍村	
13042600228	侧柏	Platycladus orientalis (L.) Franco	170	11.5	95	4.5	西戍镇西戍村	
13042600229	侧柏	Platycladus orientalis (L.) Franco	150	10	80	4	西戍镇水溢河村	
13042600230	侧柏	Platycladus orientalis (L.) Franco	150	10	95	4	西戍镇西戍村	
13042600231	侧柏	Platycladus orientalis (L.) Franco	400	14	113	5	神头乡流四河村	
13042600232	侧柏	Platycladus orientalis (L.) Franco	200	6	60	4	神头乡流四河村	
13042600233	侧柏	Platycladus orientalis (L.) Franco	150	12	82	5.5	神头乡江家庄村	
13042600234	臭椿	Ailanthus altissima (Mill.) Swingle	300	12	289	10	固新镇东山村	
13042600378	黄连木	Pistacia chinensis Bunge	150	11	185	17	固新镇固新村	
13042600379	黄连木	Pistacia chinensis Bunge	1000	14.5	480	14	固新镇固新村	
13042600380	黄连木	Pistacia chinensis Bunge	150	8	150	5.5	固新镇东山村	
13042600381	黄连木	Pistacia chinensis Bunge	120	6	170	6.5	固新镇东山村	
13042600382	侧柏	Platycladus orientalis (L.) Franco	120	8	110	1	辽城乡苏家村	
13042600383	榆椋	Quercus aliena Bl.	300	8	163	8.5	偏城镇黑洞村	
13042600384	侧柏	Platycladus orientalis (L.) Franco	300	14	150	7	合漳乡史邻村	

FUBIAO 附 表

古树名木编号	中文名	拉丁名	树龄（年）	树高（米）	胸(地)围（厘米）	冠幅（米）	生长位置	备注
13042600385	侧柏	Platycladus orientalis (L.) Franco	200	13.5	123	15	河南店镇赤岸村	
13042600386	侧柏	Platycladus orientalis (L.) Franco	150	13	120	7	河南店镇赤岸村	
13042600387	侧柏	Platycladus orientalis (L.) Franco	150	13	110	5	河南店镇赤岸村	
13042600388	侧柏	Platycladus orientalis (L.) Franco	260	14	108	4	河南店镇胡峪村	
13042600389	侧柏	Platycladus orientalis (L.) Franco	260	10	126	7	河南店镇胡峪村	
13042600390	侧柏	Platycladus orientalis (L.) Franco	300	7	129	6.5	偏城镇小支村	
13042600391	核桃	Juglans regia L.	270	17	458	17.5	索堡镇常乐村	
13042600392	垂柳	Salix babylonica L.	120	12.5	245	9	索堡镇上温村	
13042600393	槐树	Sophora japonica Linn.	300	16.5	458	12.5	索堡镇曲岐村	
13042600394	槲栎	Quercus aliena Bl.	250	8	200	15	鹿头乡峪新村	
13042600395	槲栎	Quercus aliena Bl.	250	7	160	5.5	鹿头乡峪新村	
13042600396	鹅耳枥	Carpinus turczaninowii Hance	150	6	197	6.5	偏城镇桑栈村	
13042600397	槐树	Sophora japonica Linn.	100	6	88	5	辽城乡西洞村	
13042600468	黄连木	Pistacia chinensis Bunge	150	10	175	12	更乐镇江家庄村	
13042600520	白皮松	Pinus bungeana Zucc. ex Endl.	300	9	211	9	固新镇坪上村	
13042600521	北京丁香	Syringa pekinensis Rupr.	71	5.7	78	4.7	河南店镇赤岸村	名木
13042600522	榆树	Ulmus pumila L.	80	17	270	13.5	偏店乡杨家寨村	名木
Q13042600001	侧柏	Platycladus orientalis (L.) Franco	480	15	160	8.5	固新镇原曲村	群 17 株
Q13042600002	黄连木	Pistacia chinensis Bunge	150	13.5	240	16	辽城乡韩家窑村	群 20 株
Q13042600003	槐树	Sophora japonica Linn.	700	17	260	12.5	龙虎乡北郭口村	群 6 株
Q13042600004	黄连木	Pistacia chinensis Bunge	200	11	230	16.5	固新镇东山村	群 10 株
Q13042600005	侧柏	Platycladus orientalis (L.) Franco	150	10	70	3	河南店镇赤岸村	群 126 株
Q13042600006	侧柏	Platycladus orientalis (L.) Franco	800	7.5	267	9.5	偏城镇偏城村	群 7 株
Q13042600007	榔榆	Ulmus parvifolia Jacq.	600	14	220	10.5	神头乡雪寺村	群 7 株
Q13042600008	黄连木	Pistacia chinensis Bunge	180	11	141	12	固新镇云头村	群 5 株
Q13042600009	侧柏	Platycladus orientalis (L.) Franco	100	11	91	3.5	偏店乡前寨村	群 17 株
Q13042600010	核桃	Juglans regia L.	250	15	302	20	固新镇云头村	群 10 株
Q13042600011	核桃	Juglans regia L.	300	16	312	24	偏店乡后寨村	群 23 株
Q13042600012	黄连木	Pistacia chinensis Bunge	250	14	240	16	辽城乡苏家村	群 6 株
Q13042600013	侧柏	Platycladus orientalis (L.) Franco	200	11	120	5	龙虎乡石泊村	群 10 株
磁 县								
13042700001	皂荚	Gleditsia sinensis Lam.	250	25	255	18	磁州镇台庄	

古树名木编号	中文名	拉丁名	树龄（年）	树高（米）	胸(地)围（厘米）	冠幅（米）	生长位置	备注
13042700002	槐树	Sophora japonica Linn.	200	15	150	16	磁州镇台庄	
13042700003	皂荚	Gleditsia sinensis Lam.	250	9	132	7	磁州镇南开河	
13042700004	皂荚	Gleditsia sinensis Lam.	500	15	330	15	磁州镇南开河	
13042700005	槐树	Sophora japonica Linn.	1000	25	360	20	贾璧乡柳树池村	
13042700006	槐树	Sophora japonica Linn.	300	20	180	21	磁州镇南王庄	
13042700007	槐树	Sophora japonica Linn.	300	25	180	12	磁州镇敦化	
13042700008	刺槐	Robinia pseudoacacia L.	100	7	105	7	磁州镇阜才街	
13042700009	毛白杨	Populus tomentosa Carr.	100	25	270	13	磁州镇前湾漳	
13042700010	槐树	Sophora japonica Linn.	300	14	150	9	磁州镇东窑头	
13042700011	槐树	Sophora japonica Linn.	350	25	196	12	磁州镇东窑头	
13042700012	柿树	Diospyros kaki Thunb.	250	13	182	11	磁州镇东槐树	
13042700013	槐树	Sophora japonica Linn.	400	15	142	14	磁州镇槐树屯	
13042700014	槐树	Sophora japonica Linn.	1500	10	392	13	磁州镇槐树屯	
13042700015	槐树	Sophora japonica Linn.	1500	8	380	10	磁州镇槐树屯	
13042700016	槐树	Sophora japonica Linn.	150	12	110	7	磁州镇槐树屯	
13042700017	槐树	Sophora japonica Linn.	1000	7	230	10	磁州镇槐树屯	
13042700018	槐树	Sophora japonica Linn.	300	8	150	7	磁州镇槐树屯	
13042700019	槐树	Sophora japonica Linn.	1500	12	330	12	磁州镇固城	
13042700020	槐树	Sophora japonica Linn.	500	15	195	9	磁州镇白庄	
13042700021	槐树	Sophora japonica Linn.	1500	10	235	9	磁州镇白庄	
13042700022	皂荚	Gleditsia sinensis Lam.	500	15	164	15	磁州镇白庄	
13042700023	侧柏	Platycladus orientalis (L.) Franco	500	10	150	3	磁州镇尹家桥	
13042700024	槐树	Sophora japonica Linn.	1500	18	265	20	磁州镇尹家桥	
13042700025	侧柏	Platycladus orientalis (L.) Franco	300	10	105	4	磁州镇西槐树	
13042700026	槐树	Sophora japonica Linn.	100	12	123	9	磁州镇龙王庙	
13042700027	槐树	Sophora japonica Linn.	200	15	145	18	磁州镇马术村	
13042700028	槐树	Sophora japonica Linn.	300	23	200	21	讲武城镇北白道	
13042700029	槐树	Sophora japonica Linn.	500	12	320	9	讲武城镇北白道	
13042700030	杜梨	Pyrus betulifolia Bunge	200	15	210	13	讲武城镇马高录	
13042700031	杜梨	Pyrus betulifolia Bunge	500	15	316	15	讲武城镇八里冢	
13042700032	槐树	Sophora japonica Linn.	300	14	161	15	讲武城镇孟庄	
13042700033	槐树	Sophora japonica Linn.	150	8	84	5	讲武城镇东小屋	

古树名木编号	中文名	拉丁名	树龄（年）	树高（米）	胸(地)围（厘米）	冠幅（米）	生长位置	备注
13042700034	槐树	Sophora japonica Linn.	200	14	121	11	讲武城镇东小屋	
13042700035	槐树	Sophora japonica Linn.	300	20	237	21	时村营乡西曹庄	
13042700036	槐树	Sophora japonica Linn.	600	20	352	24	时村营乡西曹庄	
13042700037	槐树	Sophora japonica Linn.	170	18	144	13	时村营乡时村营村	
13042700038	槐树	Sophora japonica Linn.	230	18	161	15	时村营乡时村营村	
13042700039	槐树	Sophora japonica Linn.	500	9	311	9	时村营乡牛尾岗	
13042700040	槐树	Sophora japonica Linn.	150	15	130	10	时村营乡牛尾岗	
13042700041	槐树	Sophora japonica Linn.	170	20	140	10	时村营乡西小屋	
13042700042	槐树	Sophora japonica Linn.	120	12	156	11	时村营乡西小屋	
13042700043	槐树	Sophora japonica Linn.	200	10	151	7	时村营乡武吉村	
13042700044	槐树	Sophora japonica Linn.	1000	20	326	11	时村营乡武吉村	
13042700045	皂荚	Gleditsia sinensis Lam.	400	20	338	14	时村营乡武吉村	
13042700046	槐树	Sophora japonica Linn.	1000	7	335	10	岳城镇水鱼岗	
13042700047	臭椿	Ailanthus altissima (Mill.) Swingle	200	15	150	14	岳城镇水鱼岗	
13042700048	侧柏	Platycladus orientalis (L.) Franco	300	8	90	5	岳城镇漳村	
13042700049	侧柏	Platycladus orientalis (L.) Franco	200	10	121	8	岳城镇漳村	
13042700050	槐树	Sophora japonica Linn.	1500	9	533	12	岳城镇岳城村	
13042700051	槐树	Sophora japonica Linn.	1000	15	392	14	岳城镇岳城村	
13042700052	槐树	Sophora japonica Linn.	1000	16	315	12	岳城镇付屯头	
13042700053	槐树	Sophora japonica Linn.	400	10	196	11	岳城镇付屯头	
13042700054	槐树	Sophora japonica Linn.	300	9	166	9	岳城镇小庄村	
13042700055	槐树	Sophora japonica Linn.	500	8	350	8	岳城镇里青村	
13042700056	槐树	Sophora japonica Linn.	1000	15	300	23	观台镇西艾口村	
13042700057	侧柏	Platycladus orientalis (L.) Franco	120	20	120	7	观台镇前岭	
13042700058	皂荚	Gleditsia sinensis Lam.	120	16	175	19	都党乡同义村	
13042700059	槐树	Sophora japonica Linn.	120	10	115	6	都党乡同义村	
13042700060	槐树	Sophora japonica Linn.	120	10	110	8	都党乡同义村	
13042700061	槐树	Sophora japonica Linn.	300	10	185	13	都党乡同义村	
13042700062	槐树	Sophora japonica Linn.	500	16	214	15	都党乡北莲花村	
13042700063	槐树	Sophora japonica Linn.	500	15	260	15	黄沙镇二街	
13042700064	酸枣	Ziziphus jujuba Mill. var. spinosa (Bunge) Hu ex H.F.Chow.	300	10	120	11	黄沙镇北黄沙	
13042700065	酸枣	Ziziphus jujuba Mill. var. spinosa (Bunge) Hu ex H.F.Chow.	300	12	140	6	黄沙镇北黄沙	

古树名木编号	中文名	拉丁名	树龄（年）	树高（米）	胸(地)围（厘米）	冠幅（米）	生长位置	备注
13042700066	酸枣	Ziziphus jujuba Mill. var. spinosa (Bunge) Hu ex H.F.Chow.	500	16	160	17	黄沙镇北黄沙	
13042700067	槐树	Sophora japonica Linn.	600	7	250	11	陶泉乡索庄	
13042700068	侧柏	Platycladus orientalis (L.) Franco	150	8	138	10	陶泉乡申庄	
13042700069	槐树	Sophora japonica Linn.	130	20	171	9	陶泉乡齐家岭	
13042700070	榆树	Ulmus pumila L.	300	25	211	9	陶泉乡齐家岭	
13042700071	槐树	Sophora japonica Linn.	1000	18	250	15	陶泉乡南王庄	
13042700072	黄檀	Dalbergia hupeana Hance	1000	15	170	15	陶泉乡南王庄	名木
13042700073	槐树	Sophora japonica Linn.	1000	15	318	15	陶泉乡南王庄	
13042700074	黄连木	Pistacia chinensis Bunge	500	20	260	18	陶泉乡南王庄	
13042700075	槐树	Sophora japonica Linn.	1000	16	280	16	陶泉乡南王庄	
13042700076	槐树	Sophora japonica Linn.	350	20	202	18	陶泉乡南王庄	
13042700077	槐树	Sophora japonica Linn.	1000	18	265	16	陶泉乡南王庄	
13042700078	大果榉	Zelkova sinica Schneid.	2000	14	430	17	陶泉乡北王庄	名木
13042700079	臭椿	Ailanthus altissima (Mill.) Swingle	200	20	295	9	陶泉乡西韩沟	
13042700080	槐树	Sophora japonica Linn.	500	12	150	12	陶泉乡花驼村	
13042700081	槐树	Sophora japonica Linn.	800	20	274	20	陶泉乡南岔口	
13042700082	槐树	Sophora japonica Linn.	800	20	426	24	陶泉乡五里河	
13042700083	槐树	Sophora japonica Linn.	300	18	175	20	白土镇池上村	
13042700084	槐树	Sophora japonica Linn.	250	15	156	15	白土镇池上村	
13042700085	槐树	Sophora japonica Linn.	600	20	336	15	白土镇灵家河	
13042700086	皂荚	Gleditsia sinensis Lam.	600	16	212	15	贾璧乡大水头	
13042700087	皂荚	Gleditsia sinensis Lam.	300	6	360	14	贾璧乡岗西村	

肥乡区

古树名木编号	中文名	拉丁名	树龄（年）	树高（米）	胸(地)围（厘米）	冠幅（米）	生长位置	备注
13042800001	皂荚	Gleditsia sinensis Lam.	100	14	215	13	肥乡镇高庄村	
13042800002	皂荚	Gleditsia sinensis Lam.	120	13.5	266	14	肥乡镇高庄村	
13042800003	杜梨	Pyrus betulifolia Bunge	100	11	210	12	肥乡镇西关村	
13042800004	槐树	Sophora japonica Linn.	200	10.6	104	8	毛演堡乡后屯村	
13042800005	皂荚	Gleditsia sinensis Lam.	700	11	405	14	毛演堡乡毛演堡村	
13042800006	刺槐	Robinia pseudoacacia L.	104	13.2	106	9	毛演堡乡毛演堡村	
13042800007	皂荚	Gleditsia sinensis Lam.	230	14.6	262	14	毛演堡乡郝家堡村	
13042800008	小叶杨	Populus simonii Carr.	110	28.8	230	15	毛演堡乡后屯村	
13042800009	皂荚	Gleditsia sinensis Lam.	510	9.3	250	14	毛演堡乡崔庄村	

古树名木编号	中文名	拉丁名	树龄（年）	树高（米）	胸(地)围（厘米）	冠幅（米）	生长位置		备注
13042800010	小叶杨	Populus simonii Carr.	100	16.6	310	18	肥乡镇赵寨村		
13042800011	槐树	Sophora japonica Linn.	200	22	350	22	肥乡镇赵寨村		
13042800012	槐树	Sophora japonica Linn.	400	4.1	24	5	屯庄营乡田寨村		
13042800013	槐树	Sophora japonica Linn.	800	4.5	160	6	屯庄营乡刘寨营村		
13042800014	槐树	Sophora japonica Linn.	370	8.3	230	5	屯庄营乡邓庄村		
13042800015	杜梨	Pyrus betulifolia Bunge	110	14.6	385	19	屯庄营乡小西高村		
13042800016	皂荚	Gleditsia sinensis Lam.	200	10.4	130	9	屯庄营乡小西高村		
13042800017	槐树	Sophora japonica Linn.	120	6.2	140	6	旧店乡王焦寨村		
13042800018	槐树	Sophora japonica Linn.	300	9.2	350	16	旧店乡南营村		
13042800019	槐树	Sophora japonica Linn.	300	9.5	210	10	天台山镇南谢堡村		
13042800020	杜梨	Pyrus betulifolia Bunge	110	11	186	10	天台山镇南谢堡村		
13042800021	皂荚	Gleditsia sinensis Lam.	200	14.5	250	13	天台山镇天台山村		
13042800022	杜梨	Pyrus betulifolia Bunge	200	12	290	14	大寺上镇吕家堡村		
13042800023	槐树	Sophora japonica Linn.	260	7.6	250	8	大寺上镇东荆轲村		
13042800024	杜梨	Pyrus betulifolia Bunge	103	8	140	13	大寺上镇西荆轲村		
13042800025	刺槐	Robinia pseudoacacia L.	100	12.5	190	11	大寺上镇唐町村		
13042800026	刺槐	Robinia pseudoacacia L.	100	12.8	200	13	大寺上镇唐町村		
13042800027	刺槐	Robinia pseudoacacia L.	100	11.3	100	12	大寺上镇唐町村		
13042800028	槐树	Sophora japonica Linn.	300	6.3	180	9	辛安镇镇东柱堡村		
13042800029	刺槐	Robinia pseudoacacia L.	130	10	193	8	辛安镇镇辛安镇村		
13042800030	槐树	Sophora japonica Linn.	210	8.5	280	12	辛安镇镇辛安镇村		
13042800031	槐树	Sophora japonica Linn.	100	8.7	210	9	辛安镇镇辛安镇村		
13040800032	槐树	Sophora japonica Linn.	510	8.7	350	9	辛安镇镇辛安镇村		
13042800033	皂荚	Gleditsia sinensis Lam.	210	12.3	242	15	辛安镇镇失驾堡村		
13042800034	槐树	Sophora japonica Linn.	150	13.5	187	14	辛安镇镇后赵云堡村		
13042800035	杜梨	Pyrus betulifolia Bunge	180	12.3	220	8	元固乡元固庄村		
13042800036	杜梨	Pyrus betulifolia Bunge	240	14.6	275	18	元固乡西元固村		
13042800037	小叶杨	Populus simonii Carr.	100	22	300	12	元固乡东屯庄村		
13042800038	杜梨	Pyrus betulifolia Bunge	100	13.6	230	13	元固乡东屯庄村		
13042800039	刺槐	Robinia pseudoacacia L.	100	12	160	12	元固乡西屯庄村		
13042800040	皂荚	Gleditsia sinensis Lam.	150	10.5	265	15	天台山镇马固村		
13042800041	皂荚	Gleditsia sinensis Lam.	100	12.7	250	17	天台山镇马固村		

古树名木编号	中文名	拉丁名	树龄（年）	树高（米）	胸(地)围（厘米）	冠幅（米）	生长位置	备注
13042800042	皂荚	Gleditsia sinensis Lam.	110	12.6	210	17	天台山镇南柱南辛茶村	
13042800043	刺槐	Robinia pseudoacacia L.	100	12	185	8	天台山镇韩堡村	
13042800044	刺槐	Robinia pseudoacacia L.	100	11.6	160	12	天台山镇韩堡村	
13042800045	皂荚	Gleditsia sinensis Lam.	300	11.5	211	16	旧店乡东辛店村	
13042800046	侧柏	Platycladus orientalis (L.) Franco	150	9.8	83	4	旧店乡温庄村	
13042800047	槐树	Sophora japonica Linn.	100	9.3	130	13	旧店乡杨庄村	
13042800048	皂荚	Gleditsia sinensis Lam.	105	8.5	180	11	旧店乡张庄村	
13042800049	皂荚	Gleditsia sinensis Lam.	104	11	190	12	旧店乡许庄村	
13042800050	皂荚	Gleditsia sinensis Lam.	270	15	225	17	肥乡镇西关村	

永年区

古树名木编号	中文名	拉丁名	树龄（年）	树高（米）	胸(地)围（厘米）	冠幅（米）	生长位置	备注
13042900001	槐树	Sophora japonica Linn.	400	8	75.5	7.5	曲陌乡三分村	
13042900002	皂荚	Gleditsia sinensis Lam.	280	12	65	16.5	曲陌乡北卷东木村	
13042900003	皂荚	Gleditsia sinensis Lam.	300	13	92	18.5	曲陌乡北卷东村	
13042900004	槐树	Sophora japonica Linn.	200	11	220	10.05	曲陌乡后党庄村	
13042900005	毛白杨	Populus tomentosa Carr.	150	17.5	330	18	曲陌乡前党庄村	
13042900006	侧柏	Platycladus orientalis (L.) Franco	150	10	90	4	永合会镇王边村	
13042900007	槐树	Sophora japonica Linn.	450	7	200	5	永合会镇王边村	
13042900008	侧柏	Platycladus orientalis (L.) Franco	450	15	150	5	永合会镇王边村	
13042900009	侧柏	Platycladus orientalis (L.) Franco	450	15	130	5	永合会镇王边村	
13042900010	槐树	Sophora japonica Linn.	500	8	300	15	永合会镇王边村	
13042900011	槐树	Sophora japonica Linn.	550	10	120	10	永合会镇王边村	
13042900012	槐树	Sophora japonica Linn.	150	10	120	5	永合会镇王边村	
13042900013	槐树	Sophora japonica Linn.	500	7	270	10	永合会镇王边村	
13042900014	槐树	Sophora japonica Linn.	130	8	90	7	永合会镇王边村	
13042900015	楸树	Catalpa bungei C. A. Mey.	120	15	150	5	永合会镇焦窑村	
13042900016	槐树	Sophora japonica Linn.	500	13	300	11	永合会镇焦窑村	
13042900017	侧柏	Platycladus orientalis (L.) Franco	500	15	280	11	永合会镇焦窑村	
13042900018	侧柏	Platycladus orientalis (L.) Franco	500	16	260	18	永合会镇焦窑村	
13042900019	桑树	Morus alba L.	450	13	260	18	永合会镇焦窑村	
13042900020	槐树	Sophora japonica Linn.	100	16	154	15	永合会镇西阳窑村	
13042900021	槐树	Sophora japonica Linn.	100	15	136	15	永合会镇西阳窑村	
13042900022	槐树	Sophora japonica Linn.	200	15	210	18	东杨庄乡太辛庄村	

古树名木编号	中文名	拉丁名	树龄（年）	树高（米）	胸(地)围（厘米）	冠幅（米）	生长位置	备注
13042900023	槐树	Sophora japonica Linn.	200	18	200	9	东杨庄乡杨庄村	
13042900024	皂荚	Gleditsia sinensis Lam.	400	20	210	15	东杨庄乡西杨庄村	
13042900025	槐树	Sophora japonica Linn.	100	6	150	12	辛庄堡乡豆庄村	
13042900026	旱柳	Salix matsudana Koidz.	100	20	160	18	张西堡镇借马庄村	
13042900027	槐树	Sophora japonica Linn.	300	16	80	15	张西堡镇借马庄村	
13042900028	槐树	Sophora japonica Linn.	150	10	300	11	张西堡镇前陈义村	
13042900029	槐树	Sophora japonica Linn.	260	7	60	5	张西堡镇复堡店村	
13042900030	槐树	Sophora japonica Linn.	150	18	80	16	张西堡镇岳小寨	
13042900031	槐树	Sophora japonica Linn.	100	10	60	7	广府镇前当头村	
13042900032	槐树	Sophora japonica Linn.	100	15	85	11	广府镇吕堤村	
13042900033	槐树	Sophora japonica Linn.	200	12	80	6	广府镇吕堤村	
13042900034	槐树	Sophora japonica Linn.	400	10	80	12	广府镇西大堤村	
13042900035	槐树	Sophora japonica Linn.	100	12	80	11	广府镇吕堤村	
13042900036	槐树	Sophora japonica Linn.	200	12	70	11	广府镇北张庄村	
13042900037	槐树	Sophora japonica Linn.	150	9	60	7	广府镇北张庄村	
13042900038	槐树	Sophora japonica Linn.	150	10	90	11	广府镇南桥村	
13042900039	槐树	Sophora japonica Linn.	150	10	144	8	广府镇下马头村	
13042900040	栾树	Koelreuteria paniculata Laxm.	150	15	240	10	广府镇南街	
13042900041	槐树	Sophora japonica Linn.	350	15	300	20	广府镇南街	
13042900042	皂荚	Gleditsia sinensis Lam.	250	17	300	24	广府镇南街	
13042900043	皂荚	Gleditsia sinensis Lam.	300	18	255	8	广府镇南街	
13042900044	槐树	Sophora japonica Linn.	400	9	90	6	广府镇西街	
13042900045	槐树	Sophora japonica Linn.	500	15	120	14	广府镇西街	

邱 县

古树名木编号	中文名	拉丁名	树龄（年）	树高（米）	胸(地)围（厘米）	冠幅（米）	生长位置	备注
13043000001	槐树	Sophora japonica Linn.	1600	13	393	11	香城固镇刘云固村	
13043000002	柘树	Cudrania tricuspidata (Carr.) Bur. ex Lavallee	1000	10	158	6	邱城镇南寨村	
13043000003	槐树	Sophora japonica Linn.	600	15	260	8	新马头镇东关村	
13043000004	槐树	Sophora japonica Linn.	600	8	234	8	新马头镇新鲜庄村	
13043000005	槐树	Sophora japonica Linn.	600	9	204	12	香城固镇韩庄村	
13043000006	槐树	Sophora japonica Linn.	100	12	190	9	香城固镇庄头村	
13043000007	枣树	Ziziphus jujuba Mill.	600	8	134	8	新马头镇东关村	
13043000008	柘树	Cudrania tricuspidata (Carr.) Bur. ex Lavallee	100	7	77	6	邱城镇中段寨村	

古树名木编号	中文名	拉丁名	树龄（年）	树高（米）	胸(地)围（厘米）	冠幅（米）	生长位置	备注
1304300000009	槐树	Sophora japonica Linn.	500	2.8	264	10	新马头镇郭村	
1304300000010	槐树	Sophora japonica Linn.	500	2.3	153	5	古城营乡鲍庄村	
1304300000011	杜梨	Pyrus betulifolia Bunge	200	14	200	11	新马头镇恒庄村	
1304300000012	杜梨	Pyrus betulifolia Bunge	200	14	217	17	新马头镇恒庄村东北	
1304300000013	杜梨	Pyrus betulifolia Bunge	200	14	170	13	新马头镇恒庄村东北	
1304300000014	杜梨	Pyrus betulifolia Bunge	200	14	200	14	新马头镇恒庄村东北	

鸡泽县

古树名木编号	中文名	拉丁名	树龄（年）	树高（米）	胸(地)围（厘米）	冠幅（米）	生长位置	备注
1304310000001	槐树	Sophora japonica Linn.	600	12	471	17	浮图店乡浮泽二村	
1304310000002	槐树	Sophora japonica Linn.	102	12	200	14	曹庄镇尹曹庄村	

魏县

古树名木编号	中文名	拉丁名	树龄（年）	树高（米）	胸(地)围（厘米）	冠幅（米）	生长位置	备注
1304341000002	杜梨	Pyrus betulifolia Bunge	300	22	265	20	仕望集乡胡庄村西	
1304341000003	杜梨	Pyrus betulifolia Bunge	300	22	260	17	仕望集乡胡庄村西	
1304341000004	杜梨	Pyrus betulifolia Bunge	280	22	256	16	仕望集乡胡庄村西	
1304341000005	毛白杨	Populus tomentosa Carr.	170	30	228	17	双井镇马郏圈村	
1304341000006	毛白杨	Populus tomentosa Carr.	170	30	226	16	双井镇马郏圈村	
1304341000007	毛白杨	Populus tomentosa Carr.	180	30	230	15	双井镇马郏圈村	
1304341000008	毛白杨	Populus tomentosa Carr.	175	30	230	15	双井镇马郏圈村	
1304341000009	毛白杨	Populus tomentosa Carr.	175	30	230	15	双井镇马郏圈村	
1304341000010	槐树	Sophora japonica Linn.	130	26	226	13	大马村乡中八里	
1304341000011	槐树	Sophora japonica Linn.	125	26	214	13	大马村乡中八里	
1304341000012	槐树	Sophora japonica Linn.	130	22	231	14	大马村乡东八里	
1304341000013	槐树	Sophora japonica Linn.	124	20	208	13	大马村乡东八里	
1304341000014	槐树	Sophora japonica Linn.	120	18	209	12	大马村乡东八里	
1304343407535	皂荚	Gleditsia sinensis Lam.	200	8	82	12.5	魏城镇李寨村王运山家	
1304343407536	树杞	Lycium chinense Mill.	160	3	35	4	魏州街道办三田村王淳峰家	
Q1304340000001	白梨	Pyrus bretschneideri Rehd.	142	6.1	187	8.5	魏城镇东南温店	群1409株
Q1304340000002	白梨	Pyrus bretschneideri Rehd.	133	6.3	183.4	7.9	魏城镇南温店村	群1170株
Q1304340000003	白梨	Pyrus bretschneideri Rehd.	129	6.1	176.4	8.5	魏城镇西南温店村	群1309株
Q1304340000004	白梨	Pyrus bretschneideri Rehd.	118	6.3	174.5	8.5	魏城镇虎庄	群1260株
Q1304340000005	白梨	Pyrus bretschneideri Rehd.	105	6.2	173.4	8.4	魏城镇马子村	群572株
Q1304340000006	白梨	Pyrus bretschneideri Rehd.	108	6.3	176.2	8.3	魏城镇白佳望	群433株
Q1304340000007	白梨	Pyrus bretschneideri Rehd.	107	6.2	163.2	7.3	魏城镇邢子村	群310株

古树名木编号	中文名	拉丁名	树龄（年）	树高（米）	胸(地)围（厘米）	冠幅（米）	生长位置	备注
Q1304340000008	白梨	Pyrus bretschneideri Rehd.	117	6.2	171.1	7.2	魏城镇董河下	群 271 株
Q1304340000009	白梨	Pyrus bretschneideri Rehd.	110	6	165.7	8	魏城镇刘河下	群 78 株
Q1304340000010	白梨	Pyrus bretschneideri Rehd.	118	6.4	172.1	7.6	魏城镇滦河下	群 53 株
Q1304340000011	白梨	Pyrus bretschneideri Rehd.	113	6.5	155.8	7.5	魏城镇北罗营	群 402 株
Q1304340000012	白梨	Pyrus bretschneideri Rehd.	108	6.2	148.9	7.4	魏城镇王营	群 148 株
Q1304340000013	白梨	Pyrus bretschneideri Rehd.	112	6.3	154.4	7.9	魏城镇喳上	群 119 株
Q1304340000014	白梨	Pyrus bretschneideri Rehd.	117	5	175.4	5.2	东代固镇前罗庄	群 784 株
Q1304340000015	白梨	Pyrus bretschneideri Rehd.	121	5	180	5	东代固镇后罗庄	群 491 株
Q1304340000016	白梨	Pyrus bretschneideri Rehd.	119	4.5	181.6	4.8	东代固镇北张庄	群 614 株
Q1304340000017	白梨	Pyrus bretschneideri Rehd.	108	6.2	164.8	6.1	东代固镇前同庄	群 20 株
Q1304340000018	白梨	Pyrus bretschneideri Rehd.	107	6.3	163.3	5.5	东代固镇后同庄	群 17 株
Q1304340000019	白梨	Pyrus bretschneideri Rehd.	109	6.1	166.3	5.7	东代固镇北代固	群 120 株
Q1304340000020	白梨	Pyrus bretschneideri Rehd.	111	6.4	169.4	6.9	东代固镇崔小庄	群 107 株
Q1304340000021	白梨	Pyrus bretschneideri Rehd.	112	4.3	175.3	5	棘针寨镇马胡寨	群 174 株
Q1304340000022	白梨	Pyrus bretschneideri Rehd.	117	4.5	176	4.7	棘针寨镇老君堂	群 138 株
曲周县								
13043500001	柘树	Cudrania tricuspidata (Carr.) Bur. ex Lavallee	300	10	115	8	依庄乡宋庄村西进村路水坑旁	
13043500002	枣树	Ziziphus jujuba Mill.	180	12	110	11	侯村镇庞寨村尹尚河家院内	
13043500003	槐树	Sophora japonica Linn.	850	10	510	14	侯村镇庞寨村王保新家院内	
13043500004	槐树	Sophora japonica Linn.	600	6.5	300	10	白寨镇高庄村槐荫寺院内	
13043500005	槐树	Sophora japonica Linn.	500	6	210	7	安寨镇前衙村村民委员会西小庙前	
13043500006	槐树	Sophora japonica Linn.	300	7	203	7	安寨镇芦应村金进修家院内	
13043500007	槐树	Sophora japonica Linn.	303	10	210	14	曲周镇东街余双印家院内	
13043500008	旱柳	Salix matsudana Koidz.	120	15	330	15	曲周镇马刘庄村柳仙庙后	
13043500009	槐树	Sophora japonica Linn.	200	9	120	10	曲周镇蔡上村鲁镜家空宅基上	
13043500010	槐树	Sophora japonica Linn.	120	7	90	5	曲周镇蔡上村鲁镜家空宅基上	
13043500011	枣树	Ziziphus jujuba Mill.	200	10	150	9	曲周镇东户王庄村郝雪完家院内	
13043500012	枣树	Ziziphus jujuba Mill.	200	8	120	4	河南喳镇窑自头村温秀东家院内	
13043500013	枣树	Ziziphus jujuba Mill.	150	10	76	6	河南喳镇窑自头村温秀东家院内	
13043500014	皂荚	Gleditsia sinensis Lam.	701	15	240	10	第四喳乡寨上寨村王利杰家枝地内	
13043500015	侧柏	Platycladus orientalis (L.) Franco	400	10	120	7	南里岳乡马兰村方家枝地内	

武安市

古树名木编号	中文名	拉丁名	树龄（年）	树高（米）	胸(地)围（厘米）	冠幅（米）	生长位置	备注
13048100001	侧柏	Platycladus orientalis (L.) Franco	116	4.5	120	5	管陶乡朝阳沟村南庙当	
13048100002	侧柏	Platycladus orientalis (L.) Franco	110	10.5	103	5.5	管陶乡朝阳沟村南庙当	
13048100003	槐树	Sophora japonica Linn.	110	21.5	270	23.5	管陶乡杜家村村庄内	
13048100004	旱柳	Salix matsudana Koidz.	200	6.8	488	17.8	管陶乡柏草坪村学校门口	
13048100005	桑树	Morus alba L.	200	13.7	275	8.5	管陶乡柏草坪村	
13048100006	槐树	Sophora japonica Linn.	260	13.5	260	22	管陶乡龙井村老浸坡	
13048100007	枣树	Ziziphus jujuba Mill.	170	10.2	181	6.8	管陶乡龙井村山神庙前	
13048100008	侧柏	Platycladus orientalis (L.) Franco	133	17.1	130	4.3	管陶乡盘根村	
13048100009	栓皮栎	Quercus variabilis Bl.	300	19.5	446	29	管陶乡荒庄	
13048100010	大果榉	Zelkova sinica Schneid.	138	16.9	197	13.3	管陶乡赵水沟村	
13048100011	侧柏	Platycladus orientalis (L.) Franco	110	7	116	5.3	管陶乡赵水沟村	
13048100012	栓皮栎	Quercus variabilis Bl.	150	7.3	230	6.7	管陶乡车谷村枣树岭	
13048100013	侧柏	Platycladus orientalis (L.) Franco	150	4.8	70	5.5	管陶乡寺峪沟村	
13048100014	旱柳	Salix matsudana Koidz.	100	13.6	220	14.9	管陶乡下站村学校西	
13048100015-17	合欢	Albizia julibrissin Durazz	100	8.6	145	10	管陶乡下站村广场	3株
13048100018	槐树	Sophora japonica Linn.	670	22.7	630	21	管陶乡水磨头村	
13048100019	榆树	Ulmus pumila L.	120	32.6	228	13.8	管陶乡小冶陶村	
13048100020	槐树	Sophora japonica Linn.	150	14.8	220	13.9	管陶乡小冶陶村	
13048100021	旱柳	Salix matsudana Koidz.	150	18.6	275	18.4	管陶乡禅房村东龙峡	
13048100022	山楂	Crataegus pinnatifida Bunge	100	5.8	160	8	管陶乡禅房村东龙峡	
13048100023	山楂	Crataegus pinnatifida Bunge	100	5.6	182	7.1	管陶乡禅房村东龙峡	
13048100024	油松	Pinus tabulaeformis Carr.	200	9.5	180	7.7	管陶乡坟岐村	
13048100025	皂荚	Gleditsia sinensis Lam.	150	12.5	200	14	管陶乡梁村	
13048100026	黄连木	Pistacia chinensis Bunge	200	7.8	165	7.5	管陶乡马渠水村观音庙	
13048100027	侧柏	Platycladus orientalis (L.) Franco	100	6.9	94	7	管陶乡马渠水村观音庙	
13048100028	杏树	Armeniaca vulgaris Lam.	200	8.7	250	13.2	管陶乡马渠水村南坪上	
13048100029	槐树	Sophora japonica Linn.	300	17.6	285	14.4	管陶乡长亭村西五道爷庙	
13048100030	桑树	Morus alba L.	170	9.2	253	11.6	管陶乡长亭村	
13048100031	旱柳	Salix matsudana Koidz.	150	8.7	325	6.4	管陶乡长亭村戏楼院	
13048100032	槐树	Sophora japonica Linn.	150	12.8	239	12.8	管陶乡梁沟村上石岩	
13048100033	漆树	Toxicodendron vernicifluum (Stokes) F. A. Barkl.	300	9.7	423	15.6	管陶乡梁沟村西沟	

古树名木编号	中文名	拉丁名	树龄（年）	树高（米）	胸（地）围（厘米）	冠幅（米）	生长位置	备注
13048100034	油松	Pinus tabuliformis Carr.	300	12.3	217	8.4	管陶乡梁沟村奶奶庙	
13048100035	侧柏	Platycladus orientalis (L.) Franco	110	13.3	105	5.4	管陶乡梁沟村奶奶庙	
13048100036	槐树	Sophora japonica Linn.	150	15.5	186	7.5	活水乡后柏山村	
13048100037	栓皮栎	Quercus variabilis Bl.	275	16.9	335	14.8	活水乡前柏山村	
13048100038	槐树	Sophora japonica Linn.	152	10.5	196	20.3	活水乡前柏山村	
13048100039	槐树	Sophora japonica Linn.	185	13.5	270	16.5	活水乡贺家村	
13048100040	大果榛	Zelkova sinica Schneid.	154	14	223	16.2	活水乡七步沟村南寨沟	
13048100041	槐树	Sophora japonica Linn.	160	14	198	18.2	活水乡昆仑峪村	
13048100042	槐树	Sophora japonica Linn.	275	26	346	25	活水乡马店头村	
13048100043	槐树	Sophora japonica Linn.	350	17	210	5	活水乡马店头村	
13048100044	槐树	Sophora japonica Linn.	295	25	398	20	活水乡马店头村关帝庙	
13048100045	槐树	Sophora japonica Linn.	400	22	440	26.5	活水乡马店头村	
13048100046	槐树	Sophora japonica Linn.	200	21.5	228	16	活水乡东活水村	
13048100047	侧柏	Platycladus orientalis (L.) Franco	130	12.8	106	7.2	活水乡后掌村土地庙	
13048100048	槐树	Sophora japonica Linn.	200	16.5	220	16.2	活水乡后掌村土地庙	
13048100049	旱柳	Salix matsudana Koidz	100	16.7	300	14.9	活水乡后掌村阁的根	
13048100050	槐树	Sophora japonica Linn.	500	16.3	450	20.5	活水乡大屯村老爷庙	
13048100051	槐树	Sophora japonica Linn.	220	18.6	255	22	活水乡庙上村阁的根	
13048100052	槐树	Sophora japonica Linn.	700	16	570	12.5	活水乡常王庄村关帝庙	
13048100053	槐树	Sophora japonica Linn.	350	6.6	365	14	活水乡口上村关帝庙	
13048100054	黄连木	Pistacia chinensis Bunge	100	12	160	7.8	活水乡口上村	
13048100055	黄连木	Pistacia chinensis Bunge	300	17.6	287	17.8	活水乡口上村	
13048100056	侧柏	Platycladus orientalis (L.) Franco	400	12	250	8.5	活水乡石河湾村	
13048100057	侧柏	Platycladus orientalis (L.) Franco	400	14	258	7.5	活水乡陈家拜村关帝庙	
13048100058	槐树	Sophora japonica Linn.	350	10.8	345	17.6	活水乡陈家拜村	
13048100059	槐树	Sophora japonica Linn.	150	12	250	17.2	活水乡白王庄	
13048100060	大果榛	Zelkova sinica Schneid.	550	8	400	13.8	活水乡井峪村	
13048100061	大果榛	Zelkova sinica Schneid.	700	15	500	4	活水乡井峪村文昌阁	
13048100062	黄连木	Pistacia chinensis Bunge	550	14	420	16	活水乡井峪村胡爷庙	
13048100063	栓皮栎	Quercus variabilis Bl.	150	14.5	258	23	活水乡牛心山村西山村西	
13048100064	栓皮栎	Quercus variabilis Bl.	158	14.5	330	21.5	活水乡牛心山村西山村西	
13048100065	油松	Pinus tabulaeformis Carr.	300	11.5	210	10	活水乡牛心山村东山	

古树名木编号	中文名	拉丁名	树龄（年）	树高（米）	胸(地)围（厘米）	冠幅（米）	生长位置	备注
13048100066	青冈	Cyclobalanopsis glauca (Thunb.) Oerst.	300	11.5	325	12.5	活水乡牛心山村东山	
13048100067	栓皮栎	Quercus variabilis Bl.	150	13.5	217	12.8	活水乡牛心山村	
13048100068	栓皮栎	Quercus variabilis Bl.	160	14.5	279	17.2	活水乡长寿村	
13048100069	槐树	Sophora japonica Linn.	700	10.5	580	12.7	活水乡上店村	
13048100070	槐树	Sophora japonica Linn.	261	13.5	235	14.3	邑城镇西三里村	
13048100071	槐树	Sophora japonica Linn.	210	8.5	210	11.8	邑城镇东三里村	
13048100072	侧柏	Platycladus orientalis (L.) Franco	400	12.5	149	7.5	邑城镇东三里村	
13048100073	槐树	Sophora japonica Linn.	200	6	220	9.2	邑城镇曹湾村	
13048100075	槐树	Sophora japonica Linn.	180	8	210	13.2	邑城镇北啃河村	
13048100076	槐树	Sophora japonica Linn.	280	9	250	13.7	邑城镇北啃河村	
13048100077	槐树	Sophora japonica Linn.	400	9.5	345	10.3	邑城镇扬屯村	
13048100078	槐树	Sophora japonica Linn.	300	11.7	250	10.3	邑城镇扬屯村	
13048100079	槐树	Sophora japonica Linn.	180	10.5	193	14.5	邑城镇扬屯村	
13048100080	槐树	Sophora japonica Linn.	170	9.5	205	15.5	邑城镇南常顺村	
13048100082	槐树	Sophora japonica Linn.	200	14.5	228	17.4	邑城镇二街村	
13048100083	槐树	Sophora japonica Linn.	300	14.1	230	16.5	邑城镇白府村	
13048100084	槐树	Sophora japonica Linn.	115	12.7	163	12.8	邑城镇丙阳苑村	
13048100085	槐树	Sophora japonica Linn.	200	13.4	198	15.5	邑城镇中阳苑村关帝庙	
13048100086	槐树	Sophora japonica Linn.	170	14.7	160	14.6	邑城镇中阳苑村	
13048100087	槐树	Sophora japonica Linn.	350	12.7	290	19.8	邑城镇东阳苑村	
13048100088	槐树	Sophora japonica Linn.	300	10.4	213	12.1	邑城镇东阳苑村	
13048100089	槐树	Sophora japonica Linn.	250	10.6	241	12.2	邑城镇东阳苑村	
13048100090	槐树	Sophora japonica Linn.	500	17	420	18	邑城镇丙阳苑村	
13048100091	槐树	Sophora japonica Linn.	300	12.1	214	10	邑城镇西万善村	
13048100092	槐树	Sophora japonica Linn.	300	8.7	267	11.7	邑城镇赵店村	
13048100093	槐树	Sophora japonica Linn.	120	17.2	160	12.5	邑城镇赵店村马五庙	
13048100094	槐树	Sophora japonica Linn.	500	13.1	400	12.5	邑城镇赵店村	
13048100095	侧柏	Platycladus orientalis (L.) Franco	300	9.5	192	8	邑城镇紫罗村	
13048100096	槐树	Sophora japonica Linn.	300	11.9	220	16	淑村镇野河村	
13048100097	槐树	Sophora japonica Linn.	450	17.5	440	18.5	邑城镇丰里村菩萨庙	
13048100098	槐树	Sophora japonica Linn.	336	20	288	16.2	淑村镇大社村	
13048100099	槐树	Sophora japonica Linn.	100	13	153	16.2	淑村镇北三乡村前飞峪	

古树名木编号	中文名	拉丁名	树龄（年）	树高（米）	胸(地)围（厘米）	冠幅（米）	生长位置	备注
13048100100	槐树	Sophora japonica Linn.	190	11	155	9.8	淑村镇北三乡村前飞峪	
13048100101	槐树	Sophora japonica Linn.	110	13.5	177	16.8	淑村镇北三乡村前飞峪	
13048100102	槐树	Sophora japonica Linn.	183	20	202	12	淑村镇北三乡村前飞峪	
13048100103	槐树	Sophora japonica Linn.	600	23.5	490	18.8	淑村镇西淑村村西头	
13048100104	槐树	Sophora japonica Linn.	300	8.7	280	8	淑村镇下流泉村村民委员会正南	
13048100105	槐树	Sophora japonica Linn.	120	11	160	8.8	淑村镇下流泉村村民委员会东	
13048100106	槐树	Sophora japonica Linn.	240	10	270	12.5	淑村镇上流泉村村中	
13048100107	槐树	Sophora japonica Linn.	120	12.5	158	12.1	淑村镇邵庄村村南水井边	
13048100108	槐树	Sophora japonica Linn.	120	17.5	200	17.9	淑村镇邵庄村老学校内	
13048100109	槐树	Sophora japonica Linn.	350	15	300	25	淑村镇邵庄村西南柴金老村内	
13048100110	槐树	Sophora japonica Linn.	100	15	150	14.8	淑村镇邵庄村村民委员会南	
13048100111	柿树	Diospyros kaki Thunb.	150	21.5	250	15	淑村镇白马寺村村北后沟	
13048100112	槐树	Sophora japonica Linn.	220	10.6	205	18	阳邑镇西街村槐树胡同	
13048100113	槐树	Sophora japonica Linn.	301	13.6	249	18.7	阳邑镇西街村西古道	
13048100114	槐树	Sophora japonica Linn.	300	11.9	265	13.1	阳邑镇大井村老井边	
13048100115	槐树	Sophora japonica Linn.	400	11.5	332	22.3	阳邑镇大井村老大队边	
13048100116	槐树	Sophora japonica Linn.	400	16	360	9	阳邑镇北丛井村老村内	
13048100117	槐树	Sophora japonica Linn.	250	8.9	241	10.2	阳邑镇前柏林村二街	
13048100118	槐树	Sophora japonica Linn.	500	13.2	422	8.6	阳邑镇柳河村观音庙前	
13048100119	侧柏	Platycladus orientalis (L.) Franco	150	11	103	6	北安乐乡徐家坡村关爷庙内	
13048100120	槐树	Sophora japonica Linn.	140	8.5	178	12.5	石洞乡史二庄村郭家古道	
13048100121	槐树	Sophora japonica Linn.	250	9.5	240	7.4	石洞乡史二庄村东大街	
13048100122	榅桲	Cydonia oblonga Mill.	650	12.3	252	10	石洞乡史二庄村圣水寺	
13048100123	榆树	Ulmus pumila L.	150	17.5	300	21.5	石洞乡曹子港村关帝面前	
13048100124	槐树	Sophora japonica Linn.	180	11.4	182	15	石洞乡崴庄村街上	
13048100125	槐树	Sophora japonica Linn.	150	10.5	165	18.1	石洞乡崴庄村下河	
13048100126	槐树	Sophora japonica Linn.	100	12.3	150	14	石洞乡三王村沙河坡	
13048100127	槐树	Sophora japonica Linn.	100	11.5	163	12.6	石洞乡三王村观音堂前	
13048100128	桑树	Morus alba L.	100	4	230	6.2	石洞乡南河底村桑树坡	
13048100129	槐树	Sophora japonica Linn.	195	10.5	190	15	排徊镇顺义庄村学校西	
13048100130	槐树	Sophora japonica Linn.	400	15.5	390	14.2	排徊镇泽布交村村南	
13048100131	槐树	Sophora japonica Linn.	250	11	280	14.5	磁山镇念头村下街西头	

古树名木编号	中文名	拉丁名	树龄（年）	树高（米）	胸(地)围（厘米）	冠幅（米）	生长位置	备注
13048100132	槐树	Sophora japonica Linn.	350	8.6	340	14.2	磁山镇念头村下街东头	
13048100133	槐树	Sophora japonica Linn.	150	12.3	190	14.8	磁山镇念头村下街东头	
13048100134	槐树	Sophora japonica Linn.	260	13.5	275	16.8	磁山镇西苑城村街南	
13048100135	槐树	Sophora japonica Linn.	150	9.3	242	13.1	磁山镇西苑城村桑树园	
13048100136	槐树	Sophora japonica Linn.	250	16.8	282	21	磁山镇西苑城村观音庙前	
13048100137	侧柏	Platycladus orientalis (L.) Franco	300	12.6	195	5.2	磁山镇刘天井村村口	
13048100138	槐树	Sophora japonica Linn.	260	8.2	265	7	磁山镇牛洼堡村供销社对过	
13048100139	槐树	Sophora japonica Linn.	180	12.8	200	12.2	磁山镇南岗村土地庙前	
13048100140	槐树	Sophora japonica Linn.	260	8.5	240	9.7	磁山镇南岗村中大街	
13048100141	皂荚	Gleditsia sinensis Lam.	300	15.5	304	17	磁山镇下洛阳村村西头	
13048100142	楸树	Catalpa bungei C. A. Mey.	200	13.7	220	6	磁山镇下洛阳村中部20号门前	
13048100143	槐树	Sophora japonica Linn.	150	9.5	197	14.5	磁山镇磁山二街商业街	
13048100144	槐树	Sophora japonica Linn.	700	8.5	340	14.5	磁山镇磁山二街小区院内	
13048100145	槐树	Sophora japonica Linn.	200	12.5	204	17.4	磁山镇磁山一街供销社门口	
13048100146	槐树	Sophora japonica Linn.	180	8.2	170	12	磁山镇磁山一街供销社西	
13048100147	槐树	Sophora japonica Linn.	350	15.2	300	17	磁山镇磁山一街小庙坡	
13048100148	槐树	Sophora japonica Linn.	220	15.8	221	15	磁山镇磁山一街大街口	
13048100149	槐树	Sophora japonica Linn.	150	7.7	150	13	磁山镇磁山一街大街东	
13048100150	槐树	Sophora japonica Linn.	200	12	150	7.2	磁山镇磁山一街张五庆家	
13048100151	槐树	Sophora japonica Linn.	180	14.3	160	16.5	磁山镇磁山一街南街	
13048100152	槐树	Sophora japonica Linn.	400	8	348	6.8	磁山镇磁山一街老街中心	
13048100153	槐树	Sophora japonica Linn.	300	6.8	232	7.5	磁山镇花富村马五庙	
13048100154	槐树	Sophora japonica Linn.	300	6.2	285	12.5	磁山镇花富村村西	
13048100155	槐树	Sophora japonica Linn.	220	10.5	220	12.6	磁山镇西孔壁村村西	
13048100156	槐树	Sophora japonica Linn.	300	12.3	280	8.5	磁山镇西孔壁村村南	
13048100157	槐树	Sophora japonica Linn.	300	8.7	260	15.9	磁山镇西孔壁村光明大北古道	
13048100158	槐树	Sophora japonica Linn.	350	8.5	314	15.1	磁山镇西孔壁村光明6巷	
13048100159	槐树	Sophora japonica Linn.	500	13.5	360	16.2	磁山镇下洛阳村麒麟阁	
13048100160	槐树	Sophora japonica Linn.	120	11	150	11	磁山镇下洛阳村麒麟阁	
13048100161	黄连木	Pistacia chinensis Bunge	250	8.6	230	8	马家庄乡石井河村剧场前	
13048100162	大果榉	Zelkova sinica Schneid.	700	9.3	530	8	马家庄乡大汉岭村村口	
13048100163	黄连木	Pistacia chinensis Bunge	200	8	260	5.8	马家庄乡北窑村村东	

古树名木编号	中文名	拉丁名	树龄（年）	树高（米）	胸(地)围（厘米）	冠幅（米）	生长位置	备注
13048100164	黄连木	Pistacia chinensis Bunge	200	11.5	175	16.8	马家庄乡宋井村大石头沟	
13048100165	黄连木	Pistacia chinensis Bunge	500	7.5	440	17.5	马家庄乡南窑村村北地	
13048100166	侧柏	Platycladus orientalis (L.) Franco	125	10.5	110	4.2	马家庄乡井湾村下街前	
13048100167	侧柏	Platycladus orientalis (L.) Franco	115	10	145	6.2	马家庄乡井湾村下街前	
13048100168	皂荚	Gleditsia sinensis Lam.	139	10.5	200	16	马家庄乡万庄村北万和大院	
13048100169	皂荚	Gleditsia sinensis Lam.	146	8.5	250	25	马家庄乡泛梁殿村村中心张更的	
13048100170	酸枣	Ziziphus jujuba Mill. var. spinosa (Bunge) Hu ex H.F.Chow.	500	3	180	4	马家庄乡大水井村老村西庄	
13048100171	侧柏	Platycladus orientalis (L.) Franco	213	17	195	8.5	马家庄乡王庄村村中	
13048100172	侧柏	Platycladus orientalis (L.) Franco	168	14.5	148	9	马家庄乡王庄村村北	
13048100173	侧柏	Platycladus orientalis (L.) Franco	150	7.5	100	4.2	马家庄乡泛梁殿村村口牌坊边	
13048100174	槐树	Sophora japonica Linn.	250	9	235	14.6	午汲镇玉泉岭村中街北益富池	
13048100175	槐树	Sophora japonica Linn.	150	9.8	175	11	午汲镇玉泉岭村南街北益富池	
13048100176	槐树	Sophora japonica Linn.	400	11.7	387	14.5	午汲镇玉泉岭村中街北益富池	
13048100177	槐树	Sophora japonica Linn.	206	15.7	245	21	午汲镇北白石村东头南街	
13048100178	槐树	Sophora japonica Linn.	160	10.8	208	14.5	午汲镇北白石村西沟庄北边	
13048100179	槐树	Sophora japonica Linn.	200	7	270	13.5	午汲镇北白石村大街水井边	
13048100180	槐树	Sophora japonica Linn.	160	7.5	202	13.7	午汲镇西张粲村东十字路口赵志坚	
13048100181	槐树	Sophora japonica Linn.	300	9.8	315	14	午汲镇西张粲村东南李永久	
13048100182	槐树	Sophora japonica Linn.	250	11.6	240	14.5	午汲镇店头村大街西头刘合义	
13048100184	槐树	Sophora japonica Linn.	310	14.9	270	16.8	午汲镇午汲村中北古道	
13048100185	槐树	Sophora japonica Linn.	400	14.1	328	12.5	午汲镇午汲村东头	
13048100186	槐树	Sophora japonica Linn.	380	12.5	335	12.9	午汲镇行考村西老街	
13048100187	槐树	Sophora japonica Linn.	250	12.4	235	13.6	午汲镇行考村西老街	
13048100188	桑树	Morus alba L.	300	10.6	420	11.5	午汲镇均河村东街	
13048100189	槐树	Sophora japonica Linn.	350	16	306	17.2	午汲镇均河村东南角	
13048100190	皂荚	Gleditsia sinensis Lam.	200	11.5	220	12	午汲镇格格村中小街中	
13048100191	槐树	Sophora japonica Linn.	250	9.4	235	12	午汲镇格格村老街东头	
13048100192	槐树	Sophora japonica Linn.	230	16.7	230	19	午汲镇温村张延举门前	
13048100193	侧柏	Platycladus orientalis (L.) Franco	400	12.7	143	8	午汲镇温村西温村东南前	
13048100195	槐树	Sophora japonica Linn.	200	12.5	210	14.5	午汲镇温村堂成柱	
13048100197	槐树	Sophora japonica Linn.	500	10.5	450	14.5	午汲镇下泉村村中心街	
13048100198	槐树	Sophora japonica Linn.	200	9	60	5	午汲镇下泉村东阁	

古树名木编号	中文名	拉丁名	树龄（年）	树高（米）	胸(地)围（厘米）	冠幅（米）	生长位置	备注
13048100199	皂荚	Gleditsia sinensis Lam.	200	16.4	210	11	午汲镇下泉村孔付祥门口	
13048100200	槐树	Sophora japonica Linn.	300	14	295	10	午汲镇贯庄村西路边	
13048100201	槐树	Sophora japonica Linn.	260	14.7	263	11.9	午汲镇园栩栩村村文化广场北	
13048100202	槐树	Sophora japonica Linn.	100	11.7	145	12.3	午汲镇上泉村卫生所南	
13048100203	槐树	Sophora japonica Linn.	650	9.1	516	7.5	午汲镇上泉村郭家井	
13048100204	槐树	Sophora japonica Linn.	120	12	165	20.5	午汲镇上泉村西沟	
13048100205	槐树	Sophora japonica Linn.	250	10.4	230	13.5	午汲镇上泉村西祠堂	
13048100206	槐树	Sophora japonica Linn.	250	17	245	13.8	午汲镇上泉村狮子口	
13048100207	槐树	Sophora japonica Linn.	260	17.8	250	19	午汲镇下白石村村东街内	
13048100208	槐树	Sophora japonica Linn.	205	12	230	13.8	午汲镇下白石村西街	
13048100209	槐树	Sophora japonica Linn.	400	9	352	13	午汲镇下白石村西南	
13048100210	槐树	Sophora japonica Linn.	250	18	250	11	午汲镇南贺庄村李家	
13048100211	槐树	Sophora japonica Linn.	450	7	350	10.1	午汲镇南贺庄村闫家街	
13048100212	皂荚	Gleditsia sinensis Lam.	200	15	244	12.5	午汲镇南贺庄村弟家街	
13048100213	槐树	Sophora japonica Linn.	250	13	250	24.5	伯延镇北文章后井上老槐树下	
13048100214	槐树	Sophora japonica Linn.	150	10.6	195	11.8	伯延镇北文章后井上老槐树下	
13048100215	槐树	Sophora japonica Linn.	250	12	244	14.5	伯延镇南文章村大街东	
13048100216	槐树	Sophora japonica Linn.	200	16.6	218	19	伯延镇南文章大队门前	
13048100217	槐树	Sophora japonica Linn.	120	12	148	11.8	伯延镇南文章水塔根	
13048100218	槐树	Sophora japonica Linn.	350	16.6	315	19.65	伯延镇南文章南庄家的	
13048100219	槐树	Sophora japonica Linn.	380	15.6	318	15.5	伯延镇南文章关帝庙前	
13048100220	槐树	Sophora japonica Linn.	600	12.1	413	12.9	伯延镇胜利街大庙街东沟交口	
13048100221	槐树	Sophora japonica Linn.	130	13	154	14	伯延镇胜利街程培华家院内	
13048100222	槐树	Sophora japonica Linn.	180	9.2	215	14.5	伯延镇建设街程子延门前	
13048100223	槐树	Sophora japonica Linn.	180	8	200	8	伯延镇胜利街程义仁	
13048100224	核桃	Juglans regia L.	182	8.5	235	13	伯延镇仙庄南河沟南	
13048100225	侧柏	Platycladus orientalis (L.) Franco	321	11.5	185	7.5	伯延镇扬二庄马奶奶庙	
13048100226	侧柏	Platycladus orientalis (L.) Franco	285	11	175	8.5	伯延镇扬二庄马奶奶庙	
13048100227	槐树	Sophora japonica Linn.	100	7.5	182	15	伯延镇和平街小庙街	
13048100228	槐树	Sophora japonica Linn.	120	7.9	205	14.8	伯延镇和平街新建街	
13048100229	槐树	Sophora japonica Linn.	115	7.7	193	9.2	伯延镇和平街新建街	
13048100229	槐树	Sophora japonica Linn.	220	8	260	13.5	伯延镇和平槐安街	

古树名木编号	中文名	拉丁名	树龄（年）	树高（米）	胸(地)围（厘米）	冠幅（米）	生长位置	备注
13048100230	槐树	Sophora japonica Linn.	223	10	230	12	伯延镇光铎街红旗大街元宝坑	
13048100231	槐树	Sophora japonica Linn.	100	12	230	10.5	上团城乡崇义四街山南老街中心野香叶家老宅	
13048100232	槐树	Sophora japonica Linn.	120	11.6	155	12	上团城乡崇义一街四队南场	
13048100233、234	槐树	Sophora japonica Linn.	100	13.2	129	8	上团城乡崇义三街村民委员会前	2株
13048100235	槐树	Sophora japonica Linn.	140	5.2	140	5	上团城乡崇义三街中华大街北头	
13048100236	槐树	Sophora japonica Linn.	100	17.5	240	14	上团城乡大南庄村民委员会南	
13048100237	槐树	Sophora japonica Linn.	200	9	172	7	上团城乡南两庄村民委员会南100米	
13048100238	槐树	Sophora japonica Linn.	500	11.6	460	12	上团城乡鸣营井马王庙内	
13048100239	槐树	Sophora japonica Linn.	450	10.6	385	19	上团城乡两庄饮水池边	
13048100240	槐树	Sophora japonica Linn.	110	8	150	10	上团城乡下团城中心路段	
13048100241	皂荚	Gleditsia sinensis Lam.	244	9.5	225	13	上团城乡高村中陈氏祠堂门口	
13048100242	槐树	Sophora japonica Linn.	300	16.5	246	14	上团城乡上团三街岳金良后院	
13048100243	槐树	Sophora japonica Linn.	100	16.5	265	17	上团城乡上团三街古灵池南岸	
13048100244	槐树	Sophora japonica Linn.	110	8.5	200	13	上团城乡上团三街南沟路沟北岸	
13048100245	槐树	Sophora japonica Linn.	200	8.5	287	14	上团城乡上团三街西沟沟东岸	
13048100246	槐树	Sophora japonica Linn.	300	13.5	250	14	北安乐乡近古村王强明门口	
13048100247	刺槐	Robinia pseudoacacia L.	100	10	157	10	北安乐乡近古村东末庙北	
13048100248	槐树	Sophora japonica Linn.	300	11.5	370	16	北安乐乡贾家庄东街	
13048100249	侧柏	Platycladus orientalis (L.) Franco	133	9.6	125	6	北安乐乡北安东河底观音庙前	
13048100250	槐树	Sophora japonica Linn.	160	10.2	150	7	西寺庄乡小庄村中南大街北	
13048100251	槐树	Sophora japonica Linn.	250	11.6	233	14	西寺庄乡东寺庄信用社东北	
13048100252	槐树	Sophora japonica Linn.	200	12.1	208	13	西寺庄乡东寺庄东庙东	
13048100253	槐树	Sophora japonica Linn.	400	10.5	327	16	西寺庄乡南寺庄村东南信用社北	
13048100254	槐树	Sophora japonica Linn.	400	17.2	340	21	西寺庄乡西寺庄观爷庙后	
13048100255	毛白杨	Populus tomentosa Carr.	246	32.6	390	16	西寺庄乡西寺庄水池南	
13048100256	毛白杨	Populus tomentosa Carr.	246	27.5	420	18	西寺庄乡南寺庄王树保门前	
13048100257	槐树	Sophora japonica Linn.	100	10.4	125	12	西寺庄乡南寺庄王树保门前	
13048100258	槐树	Sophora japonica Linn.	270	8	255	16	西寺庄乡东高壁过道北头	
13048100259	槐树	Sophora japonica Linn.	300	12.5	271	14	西寺庄乡东高壁黄家祠堂门前	
13048100260	槐树	Sophora japonica Linn.	159	9.5	158	12	西寺庄乡东高壁老街西头	
13048100261	槐树	Sophora japonica Linn.	180	6	195	7	西寺庄乡东高壁老街东头黄彦魁	
13048100262	槐树	Sophora japonica Linn.	200	15	210	9	西寺庄乡南高壁大庙后	

古树名木编号	中文名	拉丁名	树龄（年）	树高（米）	胸（地）围（厘米）	冠幅（米）	生长位置	备注
13048100263	槐树	Sophora japonica Linn.	200	12	270	12	西寺庄乡南高壁南沟	
13048100264	旱柳	Salix matsudana Koidz.	121	12	340	20	西寺庄乡北高壁水池边	
13048100265	槐树	Sophora japonica Linn.	180	10	235	17	西寺庄乡集乐王凤鸣门前	
13048100266	槐树	Sophora japonica Linn.	200	12.5	205	15	西寺庄乡贺赵村南河边	
13048100267	槐树	Sophora japonica Linn.	160	14.5	161	11	西寺庄乡贺赵村南河边	
13048100268	槐树	Sophora japonica Linn.	100	14.8	222	15	西寺庄乡中万安饮水池东侧	
13048100269	槐树	Sophora japonica Linn.	200	8	222	13	西寺庄乡中万安饮水池边	
13048100270	槐树	Sophora japonica Linn.	180	6	225	10	西寺庄乡东万安北街中段	
13048100271	槐树	Sophora japonica Linn.	132	14.9	220	18	康二城镇紫泉三生庙旁	
13048100272	槐树	Sophora japonica Linn.	220	9.6	170	11	康二城镇紫泉李乐富门口	
13048100273	槐树	Sophora japonica Linn.	135	13.5	180	10	康二城镇南新庄村西路口	
13048100274	槐树	Sophora japonica Linn.	130	16.5	138	13	康二城镇南新庄村杜家疙瘩	
13048100275	侧柏	Platycladus orientalis (L.) Franco	200	7.5	110	4	康二城镇兴盛庄村北头老井根	
13048100276	槐树	Sophora japonica Linn.	200	12.5	178	11	康二城镇兴盛庄村西南头	
13048100277	桑树	Morus alba L.	130	6	149	8	康二城镇康圣井寺外	
13048100278	黑枣	Diospyros lotus L.	130	10	170	7	康二城镇康圣井寺内	
13048100279	槐树	Sophora japonica Linn.	150	5.55	130	9	康二城镇康东村中小广场	
13048100280	槐树	Sophora japonica Linn.	130	8	165	11	康二城镇车王口上街后古道	
13048100281	槐树	Sophora japonica Linn.	170	5.5	200	13	康二城镇车王口东南角	
13048100282	槐树	Sophora japonica Linn.	150	11.5	195	18	康二城镇车王口下街东	
13048100283	槐树	Sophora japonica Linn.	180	13.5	188	13	康二城镇新庄老沟口	
13048100284	槐树	Sophora japonica Linn.	300	12.5	275	15	康二城镇新庄半个街	
13048100285	槐树	Sophora japonica Linn.	120	13	150	19	康二城镇新庄老宅院	
13048100286	侧柏	Platycladus orientalis (L.) Franco	100	6.5	120	9	康二城镇北新庄老街西南角	
13048100287	槐树	Sophora japonica Linn.	150	9.6	189	17	康二城镇康西崔顺槐院内	
13048100288	槐树	Sophora japonica Linn.	200	15	230	19	康二城镇康西康文兵宅院	
13048100289	槐树	Sophora japonica Linn.	200	9.5	200	14	康二城镇康西老院	
13048100290	青冈	Cyclobalanopsis glauca (Thunb.) Oerst.	500	9.8	330	16	贺进镇后临河晋平脑	
13048100291	核桃	Juglans regia L.	150	16.3	280	11	贺进镇南苇桑枣树坡	
13048100292	枣树	Ziziphus jujuba Mill.	200	9	205	12	贺进镇前临河双龙泉	
13048100293	油松	Pinus tabuliformis Carr.	200	7.5	150	8	贺进镇贺进东街三仙圣母庙	
13048100294	核桃	Juglans regia L.	100	8.9	215	9	贺进镇后临河核桃树下场	

古树名木编号	中文名	拉丁名	树龄（年）	树高（米）	胸（地）围（厘米）	冠幅（米）	生长位置	备注
13048100295	槐树	Sophora japonica Linn.	200	16.2	200	8	贺进镇后临河饮水池边	
13048100296	槐树	Sophora japonica Linn.	500	10.5	442	16	贺进镇苏庄村村民委员会门前北	
13048100297	槐树	Sophora japonica Linn.	200	11.5	225	17	贺进镇苏庄村村民委员会门后北	
13048100298	槐树	Sophora japonica Linn.	200	12.5	190	8	贺进镇沙名村村南郝书林门口	
13048100299	槐树	Sophora japonica Linn.	155	14	220	15	贺进镇沙名村村东	
13048100300	枣树	Ziziphus jujuba Mill.	150	12.5	150	7	贺进镇豹子峪村后园的	
13048100301	槐树	Sophora japonica Linn.	200	12.5	195	18	贺进镇悠雷山村东槐星楼	
13048100302	侧柏	Platycladus orientalis (L.) Franco	180	12.5	142	10	贺进镇西梁庄村东岭上	
13048100303	侧柏	Platycladus orientalis (L.) Franco	124	10.5	130	7	贺进镇西梁庄村东岭上	
13048100304	侧柏	Platycladus orientalis (L.) Franco	200	9.5	153	8	贺进镇郭家庄广场庙跟	
13048100305	槐树	Sophora japonica Linn.	163	16.5	240	16	贺进镇郭家庄广场庙跟	
13048100306	槐树	Sophora japonica Linn.	450	10	450	16	贺进镇西庄村东口	
13048100307	槐树	Sophora japonica Linn.	350	14.5	305	14	贺进镇贺进街后南街	
13048100308	槐树	Sophora japonica Linn.	150	15.5	190	16	贺进镇贺进街后南街	
13048100309	槐树	Sophora japonica Linn.	300	12.3	280	12	贺进镇贺进街东河沟	
13048100310	槐树	Sophora japonica Linn.	300	9.1	225	10	贺进镇红土坡南场	
13048100311	黄连木	Pistacia chinensis Bunge	200	10	195	10	贺进镇翟家庄西坡	
13048100312	槐树	Sophora japonica Linn.	110	15.2	127	11	贺进镇魏家庄旧阁西	
13048100313	槐树	Sophora japonica Linn.	100	11	132	14	贺进镇魏家庄旧阁西	
13048100314	槐树	Sophora japonica Linn.	100	12	130	13	贺进镇魏家庄旧阁西	
13048100315	黄连木	Pistacia chinensis Bunge	200	11	200	14	贺进镇魏家庄塔口跟前	
13048100316	槐树	Sophora japonica Linn.	200	19	190	16	贺进镇北苇泉西象场的	
13048100317	核桃	Juglans regia L.	100	9	190	6	贺进镇南苇泉南井	
13048100318	槐树	Sophora japonica Linn.	200	10.5	220	14	贺进镇岳庄村村民委员会西、直武殿东	
13048100319	槐树	Sophora japonica Linn.	255	21.2	263	22	贺进镇前临河村中央	
13048100320	侧柏	Platycladus orientalis (L.) Franco	200	12	110	6	贺进镇北继城村上山头	
13048100321	槐树	Sophora japonica Linn.	250	11	205	11	贺进镇贺进西街关帝面前大石板	
13048100322	槐树	Sophora japonica Linn.	100	13 16	170 150	8	贺进镇贺进西街保安寨	
13048100323	槐树	Sophora japonica Linn.	400	15	350	16	贺进镇贺进西街保安寨	
13048100324	槐树	Sophora japonica Linn.	110	22	180	19	贺进镇后临河村口	
13048100325	槐树	Sophora japonica Linn.	111	22	180	19	贺进镇后临河村口	

古树名木编号	中文名	拉丁名	树龄（年）	树高（米）	胸（地）围（厘米）	冠幅（米）	生长位置	备注
13048100326	槐树	Sophora japonica Linn.	138	14.1	227	18	矿山镇西石门村口	
13048100331	侧柏	Platycladus orientalis (L.) Franco	800	11.5	278	8	矿山镇李石门村内街道旁观音庙前	
13048100327	槐树	Sophora japonica Linn.	112	10.2	178	10	矿山镇史石门村内街道旁	
13048100328-330	侧柏	Platycladus orientalis (L.) Franco	150 250	12	100 180	8	矿山镇史石门王家祠堂	3株
13048100341	槐树	Sophora japonica Linn.	100	3.5	160	5	矿山镇史石门东街	
13048100342	槐树	Sophora japonica Linn.	110	8.5	170	9	矿山镇史石门小后街	
13048100338	槐树	Sophora japonica Linn.	400	11.2	324	16	矿山镇惠兰村关帝庙前	
13048100339	槐树	Sophora japonica Linn.	112	12	178	11	矿山镇尖山村内	
13048100345-347	侧柏	Platycladus orientalis (L.) Franco	100	7	132	5.2	矿山镇尖山关帝庙前	3株
13048100348	槐树	Sophora japonica Linn.	230	14.2	207	15	北安庄乡东周庄陈家沟	
13048100349	槐树	Sophora japonica Linn.	100	4	120	10	北安庄乡东周庄周家沟	
13048100350	侧柏	Platycladus orientalis (L.) Franco	100	8	90	5	北安庄乡西周庄大队院内	
13048100351	槐树	Sophora japonica Linn.	180	13	192	16	北安庄乡魏山老街忠义院内	
13048100352	槐树	Sophora japonica Linn.	180	15.7	18	13	北安庄乡魏山老街河沟下	
13048100353	槐树	Sophora japonica Linn.	180	18.5	180	18	北安庄乡张栗山文祥门前	
13048100354	槐树	Sophora japonica Linn.	220	12.7	200	15	北安庄乡魏栗山老街东头	
13048100355	槐树	Sophora japonica Linn.	150	12.7	178	14	北安庄乡黄栗山藕顺江	
13048100356	槐树	Sophora japonica Linn.	150	12.7	163	11	北安庄乡黄栗山村东南黄恒顺	
13048100357	槐树	Sophora japonica Linn.	300	10	220	12	北安庄乡北安庄村东	
13048100358	槐树	Sophora japonica Linn.	150	12.2	150	9	北安庄乡北安庄村西边	
13048100359	毛白杨	Populus tomentosa Carr.	150	31.7	340	16	北安庄乡同会学校门口	
13048100360	槐树	Sophora japonica Linn.	200	15.2	260	17	大同镇东马项村老前街	
13048100361	槐树	Sophora japonica Linn.	300	7.9	240	9	大同镇西通乐教堂北	
13048100363	皂荚	Gleditsia sinensis Lam.	150	9.2	220	13	大同镇罗义东庄李满作	
13048100364	侧柏	Platycladus orientalis (L.) Franco	170	10	110	5	大同镇小屯史氏宗祠前街	
13048100365	槐树	Sophora japonica Linn.	150	7.2	260	7	大同镇兰村里	
13048100366	槐树	Sophora japonica Linn.	200	12	220	10	大同镇兰村古庙路	
13048100368	毛白杨	Populus tomentosa Carr.	120	12.3	230	7	大同镇营里村边河滩	
13048100369	桑树	Morus alba Linn.	150	12.5	280	14	大同镇营里村老村后园	
13048100370	槐树	Sophora japonica Linn.	120	14.2	160	15	大同镇大同村供销社门口	
13048100371	槐树	Sophora japonica Linn.	300	13.5	248	15	大同镇大同村西街桥上	

古树名编号	中文名	拉丁名	树龄（年）	树高（米）	胸(地)围（厘米）	冠幅（米）	生长位置	备注
13048100372	侧柏	Platycladus orientalis (L.) Franco	750	8.5	380	11	工业园区五湖村五湖小学院内	
13048100373	槐树	Sophora japonica Linn.	130	11.8	235	13	工业园区东河名河路中段	
13048100374	毛白杨	Populus tomentosa Carr.	128	18.6	222	13	工业园区东竹昌村民委员会左侧	
13048100375	槐树	Sophora japonica Linn.	120	15.5	180	16	工业园区东竹昌大佛爷庙	
13048100376	槐树	Sophora japonica Linn.	141	14	250	15	工业园区东竹昌王大乌老宅	
13048100377	槐树	Sophora japonica Linn.	120	11	180	12	工业园区东竹昌温天挂门口	
13048100379	槐树	Sophora japonica Linn.	125	8.7	210	17	工业园区招贤大队东广场内	
13048100380	槐树	Sophora japonica Linn.	200 300	10	200	12	工业园区清化刘家泛塔	
13048100381	槐树	Sophora japonica Linn.	145	9.8	240	10	工业园区清化南坡	
13048100382	槐树	Sophora japonica Linn.	126	13	210	12	工业园区清化前街口	
13048100383	槐树	Sophora japonica Linn.	120	9.5	201	13	工业园区永和村东高双有家	
13048100384	槐树	Sophora japonica Linn.	138	15.1	228	14	工业园区永和村中	
13048100385	槐树	Sophora japonica Linn.	100	7.8	138	11	工业园区东长远村西北	
13048100386	槐树	Sophora japonica Linn.	109	8	200	12	工业园区长远村西北	
13048100387	槐树	Sophora japonica Linn.	110	9.6	150	11	工业园区长远广场北	
13048100388	槐树	Sophora japonica Linn.	150	13.8	173	13	工业园区西长观音庙后	
13048100389	槐树	Sophora japonica Linn.	165	14.4	210	14	工业园区东长增义门口	
13048100390	侧柏	Platycladus orientalis (L.) Franco	110	14.5	61	4	工业园区象上安增大队院内	
13048100391	侧柏	Platycladus orientalis (L.) Franco	200	14.5	100	7	工业园区象上旧大队院内	
13048100392	槐树	Sophora japonica Linn.	400	15.8	350	12	工业园区曹公泉大路下街中	
13048100393	槐树	Sophora japonica Linn.	270	11.8	338	16	工业园区曹公泉前街西	
13048100394	槐树	Sophora japonica Linn.	150	12.9	245	13	工业园区曹公泉前街东	
13048100395	槐树	Sophora japonica Linn.	120	10	175	11	工业园区安二庄上启街村中	
13048100396	槐树	Sophora japonica Linn.	150	10.5	184	16	工业园区西长远村东	
Q13048100001	侧柏	Platycladus orientalis (L.) Franco	590	9.1	228.1	10	武安镇总工会院内	群 8 棵
Q13048100002	侧柏	Platycladus orientalis (L.) Franco	100	10	85	4	管陶乡小店东坡净明寺	群 28 棵
Q13048100003	侧柏	Platycladus orientalis (L.) Franco	400	7.6	212	6	管陶乡上站崖路边	群 5 棵
Q13048100004	板栗	Castanea mollissima BL.	389	9.5	354	10	活水乡前仙灵夫小磨凤	群 71 棵
Q13048100005	黄连木	Pistacia chinensis Bunge	100	10	95	7	马家庄乡韩马北沟	群 800 棵
Q13048100006	侧柏	Platycladus orientalis (L.) Franco	110	9	110	7	邑城镇北常顺村北	群 59 棵

经济开发区

古树名编号	中文名	拉丁名	树龄（年）	树高（米）	胸(地)围（厘米）	冠幅（米）	生长位置	备注
13042900005	枣树	Ziziphus jujuba Mill.	100	4	60	5.5	南沼村镇南街村	

冀南新区

古树名木编号	中文名	拉丁名	树龄（年）	树高（米）	胸（地）围（厘米）	冠幅（米）	生长位置	备注
13040200041	槐树	Sophora japonica Linn.	150	11	153	14	高史镇东玉曹村	
13040200042	槐树	Sophora japonica Linn.	200	11	208	14	高史镇兴盛村	
13040200043	杜梨	Pyrus betulifolia Bunge	200	10	195	17	高史镇西玉曹村	
13040200044	皂荚	Gleditsia sinensis Lam.	200	13	190	14	高史镇赵庄村	
13040200045	杜梨	Pyrus betulifolia Bunge	400	10	185	14	花官营乡屯庄村	
13040200046	杜梨	Pyrus betulifolia Bunge	400	10	135	7	花官营乡屯庄村	
13040200047	杜梨	Pyrus betulifolia Bunge	400	12	200	6	花官营乡屯庄村	
13040200048	槐树	Sophora japonica Linn.	100	8	125	13	花官营乡北左良村	
13040200049	槐树	Sophora japonica Linn.	150	6	142	5	花官营乡北左良村	
13040200050	槐树	Sophora japonica Linn.	150	7	128	12	花官营乡北左良村	
13040200051	槐树	Sophora japonica Linn.	200	6	141	7	花官营乡北左良村	
13040200052	槐树	Sophora japonica Linn.	100	10	241	8	花官营乡北左良村	
13040200053	槐树	Sophora japonica Linn.	100	9	159	11	花官营乡郑庄村	
13040200054	槐树	Sophora japonica Linn.	150	8	110	9	花官营乡吴庄村	
13040200055	槐树	Sophora japonica Linn.	150	9	127	12	花官营乡吴庄村	
13040200056	槐树	Sophora japonica Linn.	150	13	106	10	花官营乡吴庄村	
13040200057	槐树	Sophora japonica Linn.	100	9	116	8	花官营乡东城营村	
13040200058	槐树	Sophora japonica Linn.	200	14	202	9	花官营乡东城营村	
13040200059	槐树	Sophora japonica Linn.	100	8	136	10	花官营乡东城营村	
13040200060	槐树	Sophora japonica Linn.	120	9	162	9	花官营乡兴小营村	
13040200061	皂荚	Gleditsia sinensis Lam.	180	11	230	14	城南办事处大狼营村	
13040200062	黄榆	Ulmus macrocarpa Hance.	120	23	230	15	城南办事处大狼营村	
13040200063	槐树	Sophora japonica Linn.	120	12	160	10	城南办事处辛庄营村	
13040200064	槐树	Sophora japonica Linn.	300	10	180	8	城南办事处王庄村	
13040200065	槐树	Sophora japonica Linn.	300	6	266	7	城南办事处徐庄村	
13040200066	槐树	Sophora japonica Linn.	120	14	225	10	城南办事处杏园村	
13040200067	槐树	Sophora japonica Linn.	100	10	132	9	城南办事处杏园村	
13040200068	槐树	Sophora japonica Linn.	100	12	132	7	城南办事处杏园村	
13040200069	槐树	Sophora japonica Linn.	200	18	175	11	城南办事处杜村	
13040200070	槐树	Sophora japonica Linn.	700	7	325	7	城南办事处杜村	
13040200071	槐树	Sophora japonica Linn.	1000	8.5	362	15	光禄镇李家岗村	

古树名木编号	中文名	拉丁名	树龄（年）	树高（米）	胸（地）围（厘米）	冠幅（米）	生长位置	备注
13040200072	皂荚	Gleditsia sinensis Lam.	300	13.2	210	12	光禄镇尧丰村	
13040200073	槐树	Sophora japonica Linn.	200	11.5	161	14	光禄镇尧丰村	
13040200074	槐树	Sophora japonica Linn.	200	11.5	235	9	光禄镇溢泉村	
13040200075	槐树	Sophora japonica Linn.	200	11	242	14	光禄镇溢泉村	
13040200076	皂荚	Gleditsia sinensis Lam.	400	12	无主干	12	光禄镇溢泉村	
13040200077	杜梨	Pyrus betulifolia Bunge	100	11	140	8	光禄镇曲沟村	
13040200078	槐树	Sophora japonica Linn.	300	10.2	225	8	光禄镇曲沟村	
13040200079	槐树	Sophora japonica Linn.	100	10.3	142	9	光禄镇西城光禄村	
13040200080	槐树	Sophora japonica Linn.	200	7	143	11	台城乡西城基村	
13040200081	皂荚	Gleditsia sinensis Lam.	1000	12	270	14	台城乡赵拔庄村	
13040200082	槐树	Sophora japonica Linn.	300	13	236	14	台城乡赵拔庄村	
13040200083	槐树	Sophora japonica Linn.	300	8	193	9	台城乡赵拔庄村	
13040200084	槐树	Sophora japonica Linn.	700	8.6	212	10	台城乡河北村	
13040200085	槐树	Sophora japonica Linn.	100	12	134	15	台城乡台城村	
13040200086	槐树	Sophora japonica Linn.	300	7.5	193	7	台城乡东郝村	
13040200087	槐树	Sophora japonica Linn.	400	8.8	155	9	台城乡西郝村	
13040200088	槐树	Sophora japonica Linn.	200	9	233	12	台城乡东贺兰村	
13040200089	槐树	Sophora japonica Linn.	500	5.5	280	9	台城乡白村	
13040200090	槐树	Sophora japonica Linn.	500	7.5	280	8	台城乡白村	
13040200091	槐树	Sophora japonica Linn.	500	7.5	300	9	台城乡白村	
13040200092	槐树	Sophora japonica Linn.	200	10	173	7	台城乡严庄村	
13040200093	槐树	Sophora japonica Linn.	500	6	158	9	台城乡林峰村	
13040200094	槐树	Sophora japonica Linn.	500	8.8	158	8	台城乡林峰村	
13040400048	栾树	Koelreuteria paniculata Laxm.	500	15	183	14×8	林坛镇林坛村	
13040400049	槐树	Sophora japonica Linn.	200	10	135	6×9	林坛镇范村	
13040400050	槐树	Sophora japonica Linn.	300	10	183	10×9	林坛镇东岗	
13040400051	侧柏	Platycladus orientalis (L.) Franco	500	11	196	10×8	林坛镇桑庄村	
13040400052	槐树	Sophora japonica Linn.	400	8	182	6×6	南城乡孟洼村	
13040400053	槐树	Sophora japonica Linn.	400	8	167	11×10	南城乡前羌村	
13040400054	槐树	Sophora japonica Linn.	200	8.3	125	3×7	南城乡前北城村	
13040400055	槐树	Sophora japonica Linn.	500	9	202	9×11	南城乡东陆井村	
13040400056	槐树	Sophora japonica Linn.	100	12	140	7×9	南城乡西陆井村	
13040400057	槐树	Sophora japonica Linn.	285	9	167	8×9	南城乡中支村	